文春新書
131

リサイクル幻想

武田邦彦

文藝春秋

リサイクル幻想

武田邦彦

文春新書

131

はじめに

一九世紀までの産業は、その成果である自らの製品をショーウィンドウに飾れればよかったといわれています。製品が日の目をみるか否か、つまり使われるかどうかは、ショーウィンドウを覗く社会が決めることだったからです。そこでは産業は脇役、あるいは主人の気に入るものを作る奴隷でしかなかった。

しかし二〇世紀は、工業を中心とする産業を社会の主役の座に引き上げました。産業は人間生活を豊かにし、人類にかつてない長寿をもたらしました。それでも産業活動というものは、主人の座を占めるほどの「人格」を持ち合わせていなかったようで、豊かであるかにみえた世界は実は汚染され、オゾン層の破壊、地球温暖化など、大規模で、取り返しのつかないほどの危機に直面するようになったのです。

そんな中で「リサイクル」が、環境を守る方法の一つとして登場してきました。しかし、本著でこれから詳しく述べますが、工学の立場からみれば、今のリサイクルでは環境はいよいよ悪化します。

でも、その矛盾に多くの人が気づいてはいません。なぜなら、リサイクルが登場したとき、すでに多くの面で社会は大きな変革期にあり、将来展望を失っていて、誰もが全体を俯瞰し、統合する考え方を作る意欲をなくしていたからです。全体を見る目を失った社会では、すべてに個別主義が蔓延し、人々は望むべき将来像や全体の利害を考慮することなく、問題を手軽に片づけようとします。環境問題でも、一つの「手段」でしかなかったリサイクルがたちまち「目的」と化し、本質的な議論がかわされないまま、人々を駆り立てるようになったのです。資源は有限で、地球環境にも許容限度がある、だからリサイクルをするのだ、という大合唱が聞こえます。

そうした流れの中に「循環型社会」の議論があります。「循環型社会」とは、今のリサイクルの規模を拡大し本格化して、世の中全体で物質やエネルギーを循環していこうとする社会で、そうすることによって、これまでの「使い捨て」とは違う「持続性のある文明」が築けるといわれています。

しかし、そもそもリサイクルを初め「循環型社会」「持続性のある文明」などの新しいパラダイムは、そこで発生すると予想される個別の事象を慎重に検討し、分析するとともに、全体を俯瞰し、統合する理論と思想を伴わなければなりません。もし、それらなしに目の前の波だけを見て舵をきれば、航海士と船長を失った船のように大洋をさまようことになるでしょう。

日本社会は活力がありますが、同時に、あまり議論をせず、根拠も薄弱なまま一方向に進み、国全体で失敗してしまうこともしばしばです。過去のそのような例をここでは敢えてあげることはしません。その代わり、本著では工学の立場から、真剣に「環境と資源」に焦点を当てた考察をし、「来るべき循環型社会とは何なのか」を明らかにし、二一世紀の日本には「環境問題は大切だが、不景気もイヤだ」というジレンマが存在しないことを示したいと思います。

西暦二〇〇〇年　芝浦にて
武田邦彦

目次

1　なぜリサイクルが叫ばれるのか

イオウというのは私たちにはなじみの深い元素です。温泉地や火山の火口付近のツーンと鼻を突く独特の臭いがイオウであることは、多くの人が知っています。生物の体の中にもこの元素は取り込まれ利用されています。

イオウは自然の活動によって大気中に放出されます。その量は地球全体で一年に約三十兆グラムといわれています。太古の昔から毎年毎年、自然は三十兆グラムのイオウを放出し、同時に同じ量を吸収してきました。そこには「自然のバランス」が保たれていました。

これに対して、人類の誕生以来四百五十万年間、二〇世紀に入るまで、人間が日常生活や産業活動で大気中に放出するイオウの量は、微々たるものでした。データが知られているのは一八六〇年頃からですが、人類が放出するイオウはその頃で一兆グラムにも満たない状態でした。一八世紀にイギリスで起こった産業革命が徐々にヨーロッパ各国に浸透していたこの時期、ジェームス・ワットの高効率蒸気機関の発明によって、人類は初めて巨大な力を獲得し、鉄鋼工業史上の最大の発明ともいえるベッセマーの転炉が話題をさらってもいました。アメリカでは独立戦争の後、工業部品の標準化など、二〇世紀に花開く大量生産技術の萌芽が見られた活力溢れる時期でもありました。

その後、人間活動によって大気中に放出されるイオウの量は毎年増加し続け、ついに一九四〇年代には、自然の活動から放出される三十兆グラムと肩を並べるようになり、現在ではさらに三倍の九十兆グラムに達しています。

人類は誕生以来、自然の中で生きてきました。狩猟時代には飢えに苦しみ、危険を冒してマンモスと闘い、狩猟の成功を神に感謝しました。計画的な農業の技術が誕生し、自然の生産力を利用することができるようになっても、自然と人間の基本的な関係は同じでした。人間は自然の恵みを受け、ひとたび自然が怒り狂うことがあれば、人間はひとたまりもなく粉砕され滅びたのです。

「大自然」という言葉には、自然は人間と比較にならないほど大きなものであるという認識と、自然に対する信頼と尊敬の気持ちが込められています。その意味で、一九四〇年代というのは、人類にとって一つの大きな転機でした。それまで及びもつかないものとして尊敬していた自然に、人間が肩を並べたのです。

もっとも、自然と人間の活動を比較する尺度として「イオウの大気中への放出」だけをとる

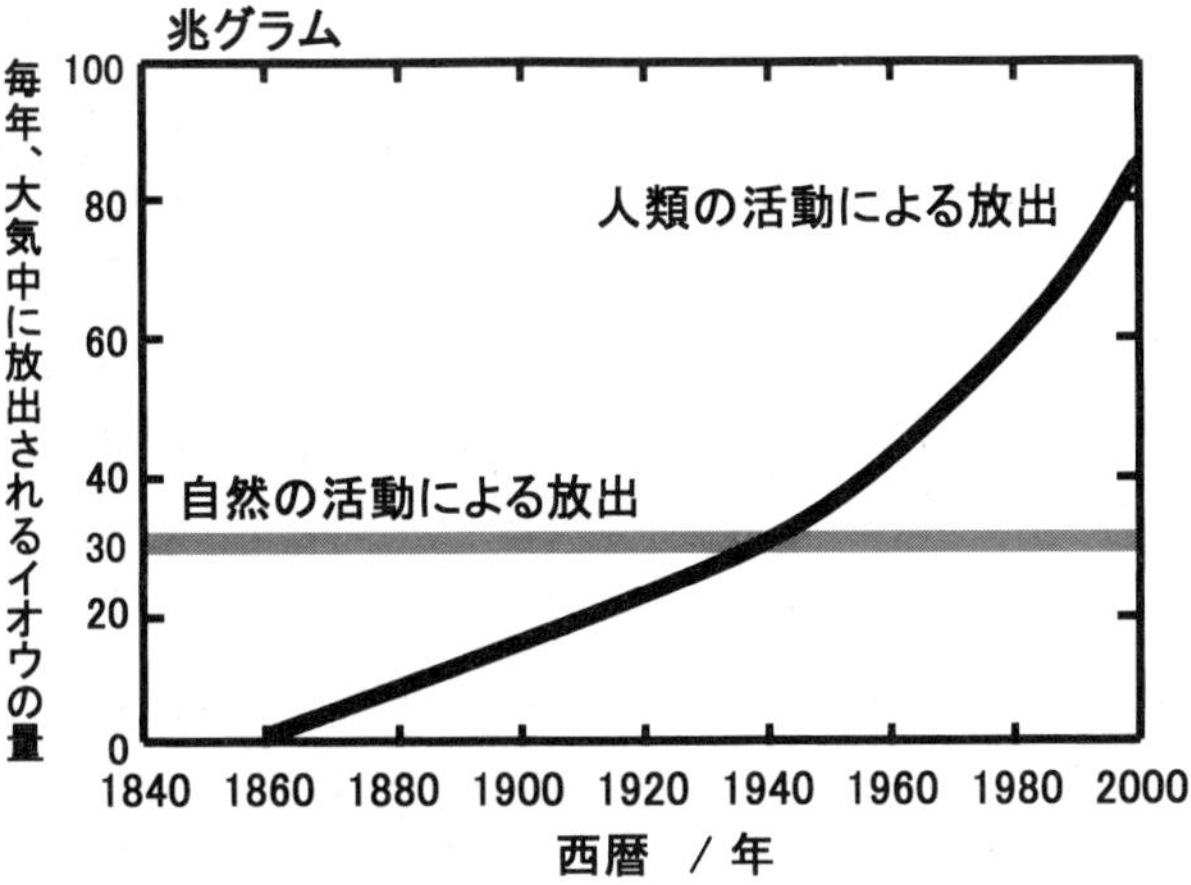

図1　自然界に放出されるイオウの量

のは不十分でしょう。そのほかにも、鉄鉱石や石油の生産高と資源総量との関係、太陽から地球が受け取るエネルギーに対して人間が使用するエネルギーの比率など、多くの尺度が考えられますし、また、それらを複合し平均化した数字での議論が必要かもしれません。

しかし、いずれにせよ、産業革命と蒸気機関の発明、さらにそれに続く一九世紀の発展、二〇世紀に入ってからの急速な重化学工業の展開などを経て、人類の活動は一九四〇年代に急速な変化を示したわけです。大量生産技術は、それまで人類を苦しめてきた慢性的な物質の不足を解消し、生活程度は向上し、その結果として寿命は延び続けました。人類にとっては、自分たちの活動が「自然を凌駕した」というのは喜ばしいことでした。これは人類の文明による自然の征服ともいえるものだったのです。

ただし、何ごとも良いことだけが起こるのはまれで、人間の活動が大自然を超えたということは、同時に、それまで自然が受け持ってきた人間活動の浄化システムが破壊されてきたことも意味していました。

一九六二年、アメリカの感性鋭い海洋生物学者であったレイチェル・カーソンが『沈黙の春』を著しました。この本が出版されたのは、すでに人間活動が自然の活動に肩を並べるまでになってから二十年も経過していた頃だったのですが、当時は人間の活動が自然を上回っているなどと誰も考えてもいませんでした。そのために、綿密な観測に基づいた、自然の中では人間の活動の跡が「汚れて」みえるというカーソンの指摘は、「ヒステリックな生物学者の売名行為」とみられたのです。

真実は覆い隠すことができません。

『沈黙の春』刊行から二十年、三十年と経つにつれて、人間の活動が徐々に自然を蝕んでいる証拠が、至るところでみられるようになり、ついに一九九五年、フロンや炭化水素など人間が排出する物質による成層圏のオゾン層破壊の研究に対し、シャーウッド・ローランドがノーベル化学賞を受賞するまでになりました。一転して、人間の活動が自然に大きな影響を与えるということが、むしろ常識となったのです。今から振り返ると、レイチェル・カーソンの観察は、

「人間の活動が自然と同レベルのものになりつつある」ということを、個別の自然の観測によって明らかにしたともいえるものでした。

『沈黙の春』と相前後して、アメリカ・マサチューセッツ工科大学のメドウス博士による二一世紀の予測がなされ、それはローマクラブによる、かけがえのない「宇宙船地球号」の概念へと発展しました。メドウス博士の計算は、二一世紀に地球規模の環境汚染と資源の枯渇が起こり、それによって数十億人が餓死するという深刻な事態を予言していましたし、ローマクラブの警告では、地球は宇宙に浮かぶ小さな宇宙船であり、限りある境界条件をもっている存在であるということをボンヤリと示したのでした。

このような世界の動きとは別に、一九九〇年代になって、日本社会は急激に地球環境問題に反応をし始めました。その原因の一つは、大量消費の極限ともいうべき社会状態、すなわち「バブル」とその崩壊であり、またそれによる産業の構造転換でした。戦後の復興期から物質的繁栄を目標としてがむしゃらに発展を遂げてきた日本は、個人所得は世界で一、二を争うようになりましたが、上昇が急激であった分だけ反動は激しく、経済面ではそれまで考えられもしなかった金融機関の信用の失墜、株価の大暴落などが起こり、さらにその影響は個人生活や人々の人生観にも及んできました。ほんの十年ほど前はさほど関心をひかなかった「ゆとりある生活」「豊かな心」といった言葉が、現在ではしばしば人々の口にのぼっています。

こうした社会と価値観の激しい転換が、新しい動きを生み出しました。それまで物質やエネルギーなどには関心のなかった人たちが、自分たちの生活は「大量生産、大量消費」であり、それは長続きするものではないと気づいたのです。そしてそうした人たちの間に、「持続性のある社会を築きたい」という思いが生まれたのです。

この慌てふためいた転換の中で、切り札として登場してきたのがリサイクルでした。新しい価値観への転換を急いでいたので、私たちの将来を約束するという「目的」を達成するのにリサイクルが現実的に実施しうる「手段」であるか否かは、きちんとは検討されず、手段が素早く目的化し、さらには「循環型社会」の構築へと議論が進んでしまったのです。

リサイクルはすでになじみのある言葉ですが、「循環型社会」というのは、まだそれほど一般的な用語にはなっていません。「循環」という言葉が示すように、これまでは人間が使ったものを自然が浄化して循環してきたけれど、これからは人間自体が物質やエネルギーを循環し、「持続性のある社会」を築こうというものです。

環境問題の浮上やリサイクルの登場は急速で社会の反応も激しかったので、「地球環境は守らなければならない」「一度使った物質をそのまま捨てるのはもったいない」という程度の素朴な希望が、そのまま現実の行動につながったり、解決手段の一つとして短絡されたりしました。「生活者の実感」などの新しい時代感覚も一緒になって、現在の混乱した状態を作り出したといえるでしょう。本来「学問」が指針を出すべきだったのでしょうが、残念ながら環境に関する学問は未発達で、社会現象を正しくタイムリーに解析することができなかったのです。

人間は昔から将来を見通したり、これまでの知見を有効に活かしたりするのを目的に「学問」を作り、利用してきました。心の問題には神学や哲学が、体の問題には医学や生理学が、社会の問題には経済学、政治学などが、そして物質の充足には材料工学や機械工学が、それぞれその役割を果たしてきました。

二一世紀の社会の大きな課題として登場している「循環型社会」の構築は、「循環工学」が担うことになるでしょう。しかし、現在のところ、「循環工学」という学問体系はまだ存在していません。それは分離工学、資源工学、材料工学、そしてプロセス工学などのような現在の学問が総動員され、作られていくと考えられます。

本著では、まず現在の日本でみられるリサイクルの矛盾を指摘します。問題提起をしたいからですが、同時に、現実に起こっていることをまず観察し、それから本題に入ることが望ましいと思うからです。

2　今のリサイクルは矛盾している

リサイクルは環境を守り、資源を節約し、廃棄物貯蔵庫の寿命を延ばす切り札として期待されていますが、果たしてそれほどの特効薬なのでしょうか？　リサイクルを切り口として未来を見る目的で、現在の日本で進められているリサイクルの現状に目を向けたいと思います。

使えば劣化する矛盾

テレビ全体を支えている外側の箱、キャビネットには、ポリスチレンがサラミソーセージのような構造をした「オクルード・補強ゴム」を混合して使用されています。大型のテレビを容易に作ることができるのは、この複雑な構造のプラスチックが優れた性能を示すからです。

さて、数年間使ったテレビをリサイクルに回したとします。キャビネットは見た目もまだまだきれいで、十分に再利用できそうな品です。ところが、どんなにきれいに見えても、残念ながらそのキャビネットは、再びテレビに使用することができません。いくらキャビネットが優れた材料で作られていても、「使用したものは劣化する」という材料工学の原理をひっくり返すことはできないからです。

材料は必ず劣化します。劣化の状態は種類によって多少異なりますが、劣化しない材料はありません。だからこそ現在の工業製品は、その製造に際し、材料をよく吟味し、寿命の測定を行って、品質の保証をしているのです。製品である以上、品質が悪いことは許されませんし、かといってむやみに長い寿命の材料を使って価格を高くすることもないのです。

やや逆説的ですが、どうしてもテレビのキャビネットをリサイクルしたければ、「材料が劣化しないうちに捨てる」しかないでしょう。つまり、テレビを買ったら使わないですぐ捨てればリサイクルできる、ということです。

この例のように、「使用したら材料は劣化する」という原則を無視してリサイクルすることを「リサイクルの劣化矛盾」といいます。劣化矛盾があるのはテレビのキャビネットばかりではありません。冷蔵庫の内ばり材は油でダメージを受け、洗濯機は絶え間ない振動で力学的な損傷を受けます。

もちろん家電製品ばかりでなく、自動車の材料はさらに厳しい環境におかれます。エンジンルームの部品は油と熱で劣化しますし、バンパーは寒暖の差の激しい外気に接し、太陽の光を浴び、さらに振動とひずみの力を受けて悪くなっていきます。

「下位の用途」がない矛盾

家電製品の廃棄量の大半を占めるのは、テレビ、冷蔵庫、洗濯機、エアコンの四品目で、これらだけで日本の年間廃棄量は約百万トン近くなります。最近ではパソコンがテレビの出荷量を上回ったので、パソコンを加えると、さらに廃棄量は増えます。

「家電製品リサイクル法」のような法律が施行されると、使い終わった家電製品はリサイクルに出さなければなりませんが、材料はすでに劣化しているので、一部を除いて家電製品には再使用できません。そこで「カスケード・リサイクル」という方法が提唱されています。

「カスケード・リサイクル」というのは、使い終わった材料は品質が悪いので〝より下位の用途〟にリサイクルする、というものです。たとえばテレビに使われていた材料を公園の杭やベンチに使う、などが典型的な例です。

たしかに「材料の品質」という質的なものだけに焦点を当ててリサイクルを考えれば、カスケード・リサイクルという方法は合理的ですが、物質には「量」のバランスがとれていなければなりません。

製品のどの程度をリサイクルするかを「リサイクル深度」という言葉で表現します。リサイクル深度が浅い場合、つまり、社会で使っているもののほんの一部でリサイクルが行われている場合には、回収する量が少ないので、劣化した材料を下位の製品に回すことができます。つまり、膨大なプラスチックを使うテレビのキャビネットを、公園のベンチに転用しても、量のバランスがとれるのです。

しかし、リサイクル深度が深くなると、家電製品に使っているだけの量を振り向ける「下位の用途」などというものはなくなります。仮にテレビのキャビネットのすべてをリサイクルして公園のベンチにすると、日本の公園はベンチで埋まってしまいます。このことは「家電メーカーは巨大なのに、雑貨メーカーは小さい」ということを考えてもわかります。

このように、リサイクル前後の製品の需要があわず、大量のリサイクル材料が余ってしまう矛盾を「リサイクルの需給矛盾」と呼びます。この矛盾が原因となって、新たな環境破壊が起こります。その一つが、コンクリートや、鉄鋼生産に際して出るコンクリートに似た「スラグ」と呼ばれる石の塊を、地面の上に敷きつめる行為です。

コンクリートなどの建築材料や溶鉱炉から出るスラグは、日本全体で年間約十億トン以上になります。これらの膨大な廃棄物は、これまでは埋め立てなどで処理されてきましたが、リサイクルの法律などができると、むりやり「下位の製品」(この場合は路盤材など)に利用することになるので、土で覆われていた日本の平野は、数年で無味乾燥なコンクリートや煉瓦で覆い尽くされることになるでしょう(このことは本著の最後でもう一度触れます)。

カスケード・リサイクルは、「環境を守るためのリサイクル」が「リサイクルのためのリサイクル」に転化する典型的な例です。

国際分業を否定する矛盾

日本で使用される工業製品のうち、海外で製造されるものの割合が増大しています。家電製品の場合も、カラーテレビを初めとして海外生産が過半ですし、パソコンなどの部品調達はほとんどが海外に頼っています。

海外で生産するのは、①原料を日本より安く調達でき、②人件費を抑制できる、という直接的な理由からです。日本で作ると国際競争力がないからにほかなりません。

ところで、リサイクルは貿易との関係で二つの大きな矛盾をはらんでいます。

その一つは、リサイクル品の中に混入している毒物によって生じる矛盾です。廃棄物による環境破壊を防止するために、一九八九年三月スイスのバーゼルでＵＮＥＰ（国連環境計画）によって「バーゼル条約」が採択されました。この条約は、有害廃棄物の国境を越えての移動を国際的に規制しようとするもので、簡単にいえば「有毒物を含むゴミを国外に出してはいけない」ということです。

バーゼル条約でいう「有害廃棄物」とは①成分として含んでいる化学物質が有害なとき、②生産工程から排出される物質が有害なとき、③廃棄物がもっている特性が有害なとき、とされていて、テレビのブラウン管やハンダの鉛、電子機器の表示用のヒ素、難燃剤として混入する臭素化合物やアンチモンなどがこれに相当します。

毒物を含むゴミを他国に押しつけるというのは、国際的な倫理からも望ましくありませんが、バーゼル条約を批准している日本としては、国際条約的にもできないのです。したがって、海外で生産して日本に輸入された製品を、リサイクルのために再び外国に輸出する、ということはできません。

次に、パソコンを例にして「国際分業とリサイクル」を考えてみます。

パソコンに使用される部品は、さまざまな国で作られています。マザーボードは台湾が圧倒的に強く、ハードディスクはアメリカ、メモリーは韓国製などと、徹底的な国際分業が行われています。それらを購入して日本で組み立てたとします。

やがてこのパソコンを使い終わり、リサイクルに出すときが訪れます。しかし、パソコンには有毒物が使用されているので、海外には輸出できません。ところが、国内でリサイクルしようとしても、日本では組み立てただけなので、再びマザーボードやハードディスクに分解しても、その部分品を引き取るところがありません。リサイクルがほんの一部の製品で行われているときには、回収した材料を何に使用してもよいのですが、本格的にリサイクルが始まれば、「生産地でリサイクルする」というシステムが構築できないと、回収してもその材料は宙に浮いてしまいます。

すなわち「リサイクル」という行為は、貿易との関係でみると「消費する国で再び生産すること」なので、毒物を含もうと含むまいと、貿易と本格的なリサイクル・システムは本来、調和しないことがわかります。

現在の世界は、資源が特定の国にあったり、国によって発展の程度が違ったりと、国ごとの特徴があるので、それにそって国際的な分業をしています。国際分業と貿易が現在の世界の繁栄につながっていることには、誰も異論がないでしょう。

もし世界の国々が自国で使うものは自国でリサイクルしなければいけないとすると、現在の国際分業と貿易は破壊され、それぞれの国が、その国で使うすべての製品を作る工場を、国内にもたなければならないことになり、非現実的です。

この矛盾を「リサイクルの貿易矛盾」といいます。リサイクル深度が深くなればなるほど、この矛盾が拡大することは容易に想像できるでしょう。ますます国際化が進む中で、リサイクルの貿易矛盾をどのように考えるかが重要な課題になりつつあります。

「月給」でなく「遺産」を使う矛盾

私たちが使う資源は大きく二種類に分けられます。

一つは「森林、海洋プランクトン、水力発電」のように太陽のエネルギーによって日々新たに作られる資源で、これらは日々の仕事が人間にとっての収入になるという点で「月給型資源」と呼ぶことができます。

もう一つは「石油、石炭、鉄鉱石、ボーキサイト」のような資源で、化石燃料、地下資源などと呼ばれるように、太古の昔に数億年にわたる太陽の光ででき、貯蔵されているものです。新たに生産されないので限りがあり、「遺産型資源」といえます。

リサイクルは資源の枯渇を防ぎ「持続性社会」を築くための方法の一つですが、そのためには限りのある「遺産型資源」をできるだけ使わずに「月給型資源」を使って生活するのが望ましいでしょう。

この関係を頭に入れて紙のリサイクルを考えてみます。

紙は森林（木）からパルプを経て作られます。その点で紙は「月給型資源」から作られるものといえます。一方、使い終わった紙をリサイクルするときには、鉄鉱石（ちり紙交換のトラックの鉄板などは鉄鉱石から作られます）や石油（ガソリンや電力など）のような「遺産型資源」がもっぱら使用されます。したがって、紙のリサイクルという行為を資源の種類からみると、「月給を使わずに遺産を使う行為」、つまり「持続性のある資源を繰り返し使うために、持続性のない資源を消費する行為」です。

これを「リサイクルの持続性矛盾」といいます。

紙のリサイクルには持続性矛盾があるのに、なぜ国民的運動といえるまで普及したかというと、「紙を使うと森林が破壊される」という認識が広まったことがあげられます。

しかし現実には、パルプに使われる木のほとんどは先進国の森林から伐採されているのに、その森林はここ十五年間に三パーセント増加しています。一方、開発途上国の森林は同じ十五年間に六パーセント減少しています。減少するのは主として現地の人が生活のために薪や材木として使用するからで、紙の原料として利用されているのは三パーセントに過ぎません。

もちろん、だからといってむやみに紙を消費していいわけはなく、森林資源は大事にすべきです。森林は紙や木材の原料となるばかりでなく、緑を増やし、動物のすみかにもなり、空気中の汚れをとってもくれます。そうした自然との共存という視点から、森林をどの程度利用するのが適切であるのかは正確にはわかっていませんが、計画的植林などの方法で「森林」という資源を増やすことが環境に良いと考えるのが妥当です。

紙のリサイクルはこのような本質的な問題を含んでいるにもかかわらず、「再生紙のコスト」でその適否が議論されたりしています。これこそコストの問題ではなく、遺産型資源を無意味に使う矛盾ですので、できるだけ早く止めなければならないでしょう。

資源をかえって浪費する矛盾

ペットボトルは、石油精製の産物であるテレフタル酸とエチレングリコールを合成し、高温でポリエステルというプラスチックにし、さらにブロー成型という成型方法を使って作ります。飲料容器として利用するときにはラベルを貼り、飲料を充塡し、トラックで運んで店頭に並べます。

一方、飲み終わったものをリサイクルするときには、まずボトルを集め、異物を選別し、ラベルをはがし、洗浄したあと、新しいボトルを製造するときとおおよそ同じ過程を経て再生することになります。現在はまだ衛生上の理由などから、再生品はペットボトルとしては利用されていませんが、基本的にはこのような流れでリサイクルが完結します。

さて、ペットボトルを石油から作り消費者の手元に届けるまでの石油の使用量は、ボトルの大きさにもよりますが約四十グラムです。

ところが、このボトルをリサイクルしようとすると、かなり理想的にリサイクルが進んでも百五十グラム以上。つまり、四倍近く石油を使うことになります。資源を節約するために行うリサイクルによって、かえって資源が多く使われるという典型的な例です。資源が多く使われるのですから、その分だけゴミも増えます。

もし「リサイクル率」を計算するときに、目の前にあるペットボトルだけの回収率ではなく、運搬する車や人の労力など、リサイクルに使うあらゆるものを計算に入れてリサイクル率を出せば、この矛盾はもっと早くわかったと思います。

このように、本来資源を有効に使用し、環境汚染を防止するために行うリサイクルが「すればするほど資源を使い、ゴミを増やす」場合、これを「リサイクルの増幅矛盾」といいます。

リサイクルの増幅矛盾が起こるのは、主として「薄く広がったものは資源として集めることはできない」という分離工学の原理（後述）によるのであり、リサイクルしやすい社会システムができあがれば改善される、というような「社会システムの問題」ではなく、みんなが心を合わせれば解決できる、というような「国民の意識の問題」でもありません。

正反対の価値観が両立する矛盾

社会が複雑になって分業が進み、生活に必要なことの多くを他人の手に委ねるようになると、人間の思考はバランスを失い、価値判断に前後の脈絡がなくなります。そのような社会現象がリサイクルに及び、「環境主義の両価性矛盾」を生み出しています。

「両価性」とは、本人がそうと気づかぬまま、同時に正反対の行動をとることをいいます。たとえば、ケーキの食べ放題に夢中になりながら、ダイエットに精を出すといった行為です。

リサイクルは環境を守り、資源の枯渇を防ぐことをその目的としているので、環境に優しいことを標榜する製造メーカーは「製造量、販売量を少なくする。製品の寿命を延ばす」ことに全力を尽くすはずです。しかし、現実には本音で減産、販売量の減少を目標としている会社はまずありません。むしろ、増産、販売量の増大を計画している場合がほとんどです。これは両価性です。

現在の資本主義社会、西洋型競争社会においては、会社は「生産の効率向上による競争力の強化、従業員の待遇改善」の縛りの下で経営されています。まれには企業の発展と物質少量生産とが矛盾しない会社もありますが、特に製造会社では増産を目的とせざるを得ないのが現状です。

そこで増産を計画しながら、名刺に再生紙を使い「我が社は環境に配慮しています」というポーズをとらざるを得ないことになります。再生紙の名刺を差し出しながら「もっと買って下さい」と頼む販売部長は、まさに「両価性」に陥っています。

産業界全体を覆うこの両価性矛盾は、新聞などのマスコミにも広がっています。産業面に「自動車に久々の明るさ―増産で休日出勤―」と書かれている新聞の同日の生活面に「バードウォッチングの楽しみ―これからの市民生活―」という記事が載っていたことがあります。これからは自動車を乗り回すような生活を止めて、のんびりとバードウォッチングを楽しもうじゃないかと呼びかけながら、自動車の生産量が増えて休日出勤をしなければ生産が追いつかないという状態が「明るい」という感覚を捨てきれないのです。

個人でも、会社では企業人として増産に知恵を絞り、家庭では市民としてものを倹約するという例が見受けられます。

本来、正常な人間は価値観の違うことを同時にすることにストレスを感じるものです。しかし、現在の日本では社会自体が大きな矛盾を抱えているので、両価性が直接的なストレスにならず、じわりじわりと社会を蝕んでいるといえるでしょう。

両価性矛盾は環境保護活動全般にも及んでいます。その著しい例が、「リサイクル推進派の人で現実にリサイクルをしている人はまれだ」という現象です。ほとんどの人はペットボトルをリサイクル箱に入れたり、新聞紙を束ねて出したりしているだけで、実際にはリサイクルをしていないのです。

ペットボトルをリサイクルするというのは、自分でペットボトルを回収工場まで持っていき、そこできれいに洗ってラベルをはがし、キャップをとって成型器で成型し、もとのペットボトルにすることです。また、紙をリサイクルするというのは、「紙を束ねて出す」のではなく、自分で薬品を使ってインキを除き、夾雑物を取り去り、短い繊維を除き分け、抄《す》いて紙にすることです。

かつて江戸時代に行われたリサイクルのほとんどは、自分でするリサイクルでした。そのためにリサイクルの苦労も体感していたし、リサイクルすることによってかえって生産を阻害することは避けました。もちろん、他人に向かって「私はリサイクルしている」などといったポーズをとることなど、考えもしなかったでしょう。

物事が現実のものとして感じられるときには、両価性は消えていきます。

毒物が混入する矛盾

人間の体には生命活動を維持するために血液が循環していますが、それには脳、筋肉、皮膚、内臓などで人間の活動を支えるために流れる血液と、肺、腎臓、肝臓などで老廃物を処理するために流れる血液とがあります。

この二つの血液を比較すると、活動のために循環する血流量は全体の二五パーセント、つまり四分の一ほどで、老廃物の処理、つまり浄化のために流れる血流量は七五パーセントにのぼります。人間の体では「活動に使う循環量の約三倍の血液が浄化のために循環している」ということになるわけです。

現在、日本で進められているリサイクルには、人間の活動に使ったものをもう一度使うという点で、体の血液の循環と似たところがあります。テレビを見たり自動車に乗ったりするのが活動系で、使い終わったテレビや自動車をリサイクルに出し、もう一度利用しようとするのが浄化系というわけです。

現在のリサイクルは「もの」に目を奪われ、ものだけをリサイクルしようとして懸命の努力が行われていますが、使い終わったものの中にある老廃物を除くシステムがありません。その意味で、「浄化系が欠けたリサイクル」といえます。当然、老廃物、毒物が蓄積します。その具体的な例を二、三、あげることにします。

電池にはマンガン、水銀、ニッケル、カドミウム、リチウム、鉛、硫酸など多彩な元素や化合物が使用されています。電池はこれからの情報化社会、「ＩＴ革命」にはなくてはならないものですが、ここにあげた元素や化合物はどれも人間にとっては毒性の高いものです。

そのため、廃棄された電池から出る有毒物が、社会の汚染の原因となるのは避けられません。もちろん、工業的に使用されている有毒物は電池だけではありません。自動車のバッテリーの鉛、メッキや合金に使用される重金属類、先端技術に欠かせないガリウム・ヒ素など、いろいろなところで有毒元素が使用されています。それらはやがて廃棄され、ゴミの中に入ってきます。

たとえば、東京都で出る可燃ゴミの焼却灰中の非鉄金属を分析してみると、表1にあるように、亜鉛、銅などの毒性の低い金属の他に、すでに鉛、クロムが多く含まれています。水銀は循環がうまくいっている物質なので、この表ではゼロになっていますが、揮発性なので空気中に相当な量が飛散していると考えるべきでしょう。またカドミウム、ヒ素などの強い毒性をもつ元素も、すでにかなりの量がゴミの中に入っています。

それでも現在はリサイクルが進んでないので、このような有毒物がリサイクル品の中に混入し身の回りに帰ってくることはまだ少ないのですが、今後リサイクルが進めば身の回りの毒物は増大するでしょう。

金属元素	含有量 (金属mg/ゴミkg)
銅	812
亜鉛	485
鉛	134
クロム	29
カドミウム	4
ヒ素	3
水銀	0

表1　都市ゴミの中の非鉄金属

ガラスには有毒物質の一つの鉛を含むものが多くあります。テレビのブラウン管もその一つです。使い終わったブラウン管はリサイクルの過程で取り外され、「カレット」と呼ばれる小さなガラスのかけらになります。

一方、飲料に使うガラスビンもリサイクル活動の中で回収され、砕かれてカレットにされます。もちろん、飲料用のガラスビンとブラウン管はリサイクルの回収ルートが異なるので、よくよく注意をすれば、この二つのガラスが混じることはありません。

しかし、社会で使用されるガラスは、飲料用のガラス、ブラウン管の他に窓ガラス、ステンドグラス、蛍光灯、自動車のライト、食器等の比較的大きいものから、表示板、センサーなどのように小さなものまで多種多様です。これらすべてを個別に分別してリサイクルするのは不可能です。

リサイクル深度が深くなると多種類のガラスが混合するので、ブラウン管のガラスが何かの拍子に飲料用のガラスに混じることが考えられます。

すでに、そのような例があります。「くず鉄」は昔からリサイクルの優等生ですが、最近、スクラップ鉄の中に絶対に入ってはいけない銅が入ってきて、鉄のリサイクルを困難にしています。昔はリサイクル深度が浅かったので、鉄だけがリサイクルされました。最近ではリサイクル率を上げようとするものだから、モーターなどもリサイクルの対象となり、銅が入ってきたのです。鉄の中の銅は除くことができませんし、銅の割合が〇・四パーセント以上になると良い品質の鉄鋼は製造できなくなるのです。

鉄の中の銅は人間に対しては毒ではありませんが、鉄には毒です。この「鉄への銅の混入」はリサイクル社会で毒物の混入が避けられないことを示しています。

リサイクルは「材料を、徹底的に出発の原料にまで戻さなくても、工程の途中で引き返して使える」という点が特徴的です。これまでは、もともと人間のためにできているわけではない天然鉱石から、シリカ（二酸化ケイ素）や鉛などの有用元素や化合物だけを取り出し、それらを組み合わせて望みの材料を作ってきたわけですが、リサイクルでは出発点がすでに有用な材料なので、すべてをもとの元素に戻さなくても「引き返す」ことができるのです。ガラスの場合は、それがカレットです。ところがこの長所が、毒物混入という点では欠点になり、リサイクル・ガラスの中に鉛が入り、それが食器にも使われる可能性を生みます。

最近登場した毒物の中には環境から生物に濃縮されるものが多くありますが、このようなことは昔はほとんどなかったことです。環境ホルモンと呼ばれる内分泌攪乱物質やダイオキシンなどがその典型です。

「毒物の生物濃縮」という視点から、生ゴミを堆肥にするリサイクルを考えてみます。家庭や食堂で食べ残した魚や野菜などを主成分とする生ゴミを、機械や自然の発酵作用を利用して堆肥にし、それを使って「化学肥料を使わない野菜」を作ったとします。化学肥料の代わりに堆肥を使うのは健康に大変良いことのように感じられますし、たしかに昔はそうでした。

ところが、現在問題となっている毒物の多くは分解しにくく、堆肥を作る過程でも無毒にはなりません。食料品の中に入っていた毒物はそのまま堆肥の中に移り、それが生物濃縮の過程を経て野菜に濃縮されることになります。ほぼ一定の毒物が混入した食料品が毎日毎日、市場から買ってこられ、ますます堆肥に濃縮します。

つまり、現代社会では「生ゴミから堆肥を作る」という作業は、「環境から食物を使って毒物を集める」のと同じ作業ともいえるのです。

さらに具合の悪いことには、焦げた魚やトーストなどには発ガン物質が含まれるし、プラスチックの分解生成物として環境ホルモンも生成します。もともとの食料品に毒物が入っているだけではなく、料理をしたり焦がしたりしているうちにも毒物が発生するのだから、「毒物を集める作業」に加え、堆肥作りは「発生した毒物を拾う作業」にもなります。

リサイクルは「循環系を形成すること」です。したがって、ある循環系の中に一定の毒物が入り、循環系がその毒物の除去機構をもたなければ、毒物が蓄積するのはむしろ当然のことでしょう。その毒物が動植物や人間に対して蓄積性をもつ場合には、消費する人間の体が最終的な「毒物除去機構」となり、人体に優先的に蓄積する結果を招きます。

3　リサイクルから循環型社会へ

ここまで述べてきたリサイクルのもつ矛盾や毒物の蓄積は、これまであまりに大急ぎにリサイクルを進めてきたために、ものごとが部分的な視点から検討されたのみで、全体的、俯瞰的に考えられてこなかったことの表れです。そして、この先に日本が目指そうとしている「循環型社会」は大型で本格的なリサイクル社会なので、矛盾はさらに拡大すると考えられます。

循環型社会とは、人間の活動に要する物質やエネルギーを繰り返し使ったり、そのムダをはぶいたりする社会と想定されています。これまでの「使い捨て社会」を「ワンウェイ型社会」、これから想定される社会を「循環型社会」として、社会における物質の流れを比較して図で示すと次々ページのようになります。

現在、日本で使われている物質とエネルギーの総量は、空気と水を除いて約二十億トンです。それを活動の源泉として利用し、国内総生産としては五百兆円の活動をしています。つまり、資源二十億トンで、活動のアウトプットは五百兆円ということになります。

活動に使い終わった物質のうち、石油などのエネルギーに使われたものは二酸化炭素と水になり、その他の物質は価値の低いものに変化します。

たとえば、社会でもっとも大量に使用される物質である鉄は、まず鉄鉱床から掘り出され、人類の活動に有用な「還元状態（金属鉄）」にされます。ここまでが製鉄会社の活動です。こうして価値の高くなった鉄は鉄橋やビル、自動車などに使用されて人類の活動を支え、やがて「酸化状態（錆）」に変化したり、疲労したり、小さく飛び散ったりしてその一生を終えます。

使われたエネルギーは二酸化炭素と水になっているので、これはもう使うことができません。物質はその種類によって違っていて、使い終わった金属はある程度使えますが、プラスチックや繊維はその材料の性質上、もう一度材料として使用することはできません。この辺の詳細は本著の材料のところで説明します。

たとえば、西ヨーロッパ全体では二千四百万トンのプラスチックが使用されていますが、使い終わったもののうち五〇パーセント弱が集中埋め立て、三〇パーセントが分散埋め立て、二〇パーセントが焼却で、リサイクルは数パーセント行われています。「ヨーロッパはリサイクル社会」といわれることもありますが、プラスチックのリサイクル率は四パーセント以下なので、典型的なワンウェイ社会といった方がいいでしょう。

このようなワンウェイ型社会に対して、図の下に示したものが循環型社会の流れです。

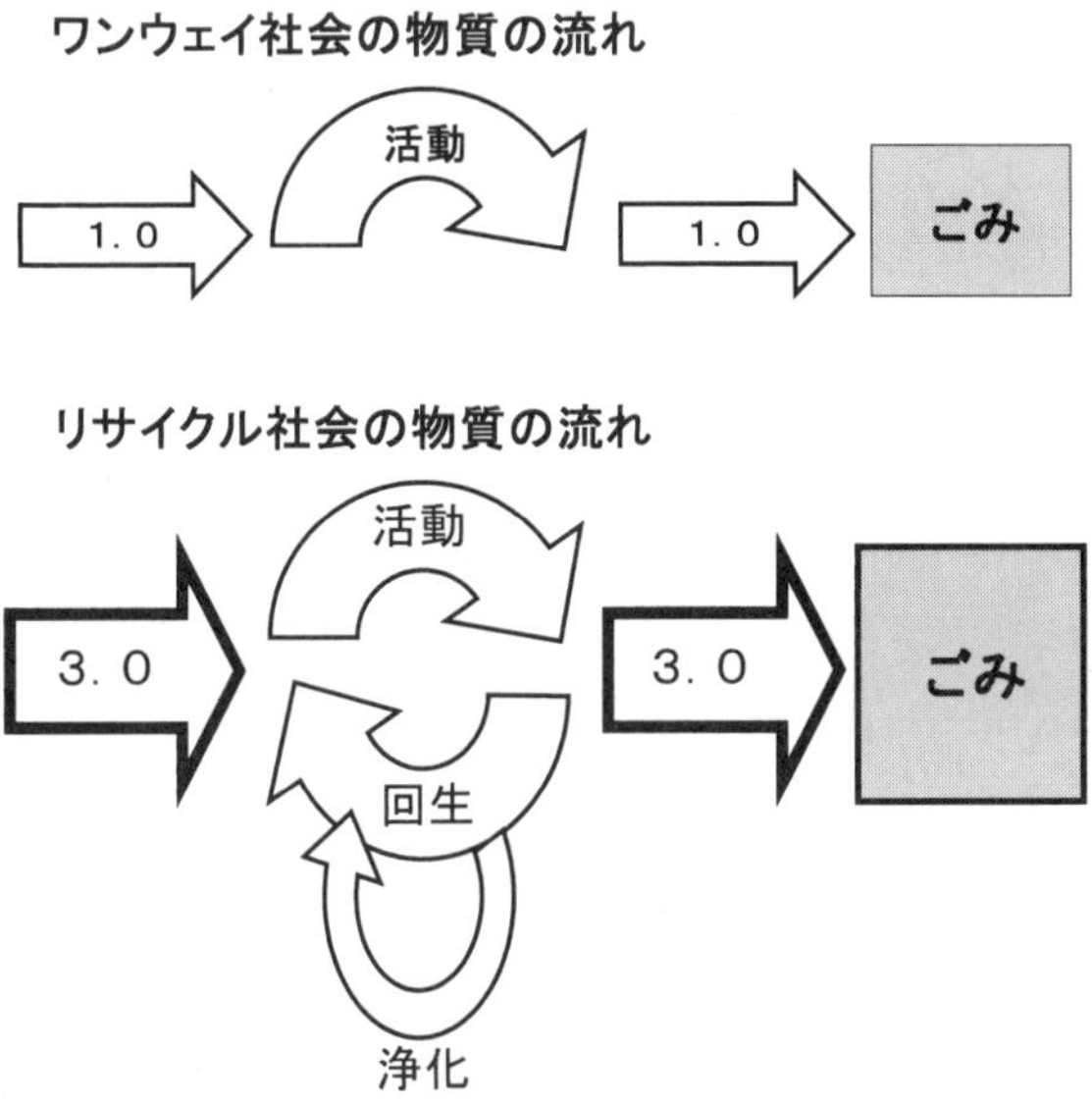

図2　これまでの社会と循環型社会の比較

循環型社会のイメージを作る上で、最初に仮定しなければならないのは、ワンウェイ型社会であれ循環型社会であれ、日本全体の活動量、つまり国内総生産（GDP）は同じであるとする点です。循環型社会にするからといってGDPを極端に下げた社会を考えるのは、生活レベルを大きく下げようということですから、別の議論です。

このように仮定すると、循環型社会になっても二十億トンの物質とエネルギーを受け入れることになります。五百兆円の活動を支える物質とエネルギーは、ワンウェイ型でも循環型でも異ならないからです。そして、これまで廃棄物として捨てていたものの八割をリサイクルする、つまり人間がもう一度使えるように「回生」するとします。八割を回生するというのは、二割捨てることを意味します。廃棄物貯蔵所の寿命などからみると、循環型社会というからには、せめてこの程度の回生は必要でしょう。

反対に、廃棄物の二割程度の回生では、八割を今までと同じように捨てることになるので、新しいパラダイムにはなりにくいと思います。

もし、このような循環型社会が実現するとしたら、現在の環境問題や資源枯渇の危機はほとんど解消するかもしれません。日本の活動量はこれまでと変わらないのに、自然に放出していたゴミは二割になり、八割は人間がリサイクルすることになるからです。しかし、この考えはかなり虫がよすぎます。

使い終わった物質を回生するためには、そのための物質やエネルギーを必要とします。「活動」だからエネルギーを使うが、「回生」なら使わないなどということはありません。

もう一つは「浄化系」です。先に人間の血の循環で示したように、循環型社会を維持するためには、「活動系の流れ」と「回生系の流れ」の他に、「浄化系の流れ」が必要とされます。浄化系を動かすというのは、人間に対して毒となる老廃物や発ガン物質などを除くことであり、さらにスクラップ鉄から銅を除くように、人間には毒ではなくても材料の毒になるものを除くことです。この作業に大変な労力が必要なことは容易に想像できます。

こうして循環型社会の流れを整理すると、①活動の流れ、②回生の流れ、③浄化の流れ、の三つがあることがわかります。この三つをスムースに流そうとするときに、回生に活動と同じ労力がかかり、回生の流れの八割を浄化の流れに乗せるとすると、約五十億トンの物質とエネルギーが必要という計算になります。

ものを倹約するための循環型社会が、逆に物質の流れを数倍にしてしまうことになりますが、これまで自然に担当してもらっていた回生と浄化の流れを自分たちでやろうと決意したのだから、当然ともいえます。

もし右の計算が正しければ、資源もなく、環境的にも懐の浅い日本は、沈没間違いないでしょう。この右の予測は本当なのか？　それが本著が明らかにしたい第一の課題です。その準備のためにまず、分離の学問を循環型社会に適合できるように整理し、その次に「循環する物質の性質」を知るために材料の知識をまとめてみます。

4　「分離の科学」から労力を知る

本章では、リサイクルや循環型社会を考える上に必要な分離工学の知見を整理します。ここで分離工学を取り上げたのには二つの理由があります。

まず第一は、リサイクルをするとかえって環境を汚すという矛盾が生じるし、循環型社会を作ると大変な苦労が待っていると予想されますが、それがなぜなのか、その科学的理由を知りたいからです。

第二には、リサイクル運動の標語の一つに「分別すれば資源」というものがあるように、リサイクルや循環型社会では分別したり分離したりすることが多いので、そもそも分別・分離とはどういうことか、理解や分析が欠かせないからです。課題の適否を正しく判断するのに学問の助けが有効なことはいうまでもなく、原理が把握できれば自分で判断できる領域が格段に広がります。

「収集する」とはどういうことか

リサイクルはまず集めることから始めます。家電製品にせよ日用品にせよ、およそ製品は日本全国にくまなく販売されます。もちろん消費はおおよそ人口に比例するので、廃棄物もそれに比例し、都市部からは多く、人口の希薄なところからは少ないということになります。日本の総人口の四四パーセントが国土面積の六パーセントの三大都市圏に集中して住んでいるので、日本全土からの廃棄物の出方は「点と線」という傾向があるといってよいでしょう。

全国から集められる廃棄物は、基本的には次々ページの図3のように流れます。図3の上に示したように、家庭や事務所、工場などからのゴミや大型廃棄物を一緒にして焼却してしまう場合は簡単ですが、分別して回収し、その分別した品目ごとにリサイクル工場に運搬する場合には、一次、二次と徐々に大きな集積所に運搬することになります。図3の下は、モデル的に八種類の分別を行い、それをそれぞれ収集して回収する過程を示しています。

実際に分別しようとすると、種類の数は百程度になります。包装容器だけでもアルミ缶、スチール缶、ペットボトル、化粧品の容器、洗剤の容器、ポリ袋、牛乳パックなど多数あり、その他にも家電製品やOA機器、電子機器などの工業製品や、家具、調度品、時計、布団、毛布、枕、洋服、靴、日用雑貨、文房具、台所用品、新聞紙、雑誌、ガーデニング用品、庭の草木、生ゴミなど、数え上げれば限りないほど種類があります。また、材料としては鉄、アルミ、銅のような主要金属、亜鉛、鉛、スズ、ヒ素、水銀、カドミウム、マンガンなどの少量の金属、食塩、苦汁《にがり》、酸化チタンなどの無機化合物、ガラス、瀬戸物などの無機材料、そして多数のプラスチックや有機物などがあげられます。これらをできるだけ効率的に分類しても、かなりの数の製品になります。

「材料と製品の種類」ということに注目して、もう少し系統的に数えてみます。アルミニウムという材料は、アルミ缶、アルミサッシ、アルミホイール、シャーシ、ラジエータ、自動車エンジンなどに使われています。これらアルミニウム製品を分別せずに集めてアルミニウムの会社にリサイクルする方式と、アルミ缶で行われているようにアルミ缶だけを分別して「缶-to-缶」で収集する方式があります。すなわち、アルミならアルミと「材料の種類」ごとに分け、さらに「その材料を使った製品」で分けることになるので、分けねばならない数が多くなります。現在の分別収集は「缶-to-缶」の方式ですので、この方式を中心として整理を進めていきます。

さて、分別してリサイクルするのにどの程度の労力がかかるかという計算をしなければなりません。それには図3に示した一つ一つの線をたどって収集にどの程度の労力がかかるか集計し、それぞれの移動距離を求めて「分別収集全体像」を描くことです。しかし、それは膨大な作業なので、まだ行われたことはありません。そこで学問の力を借りて、もっと簡単に労力を

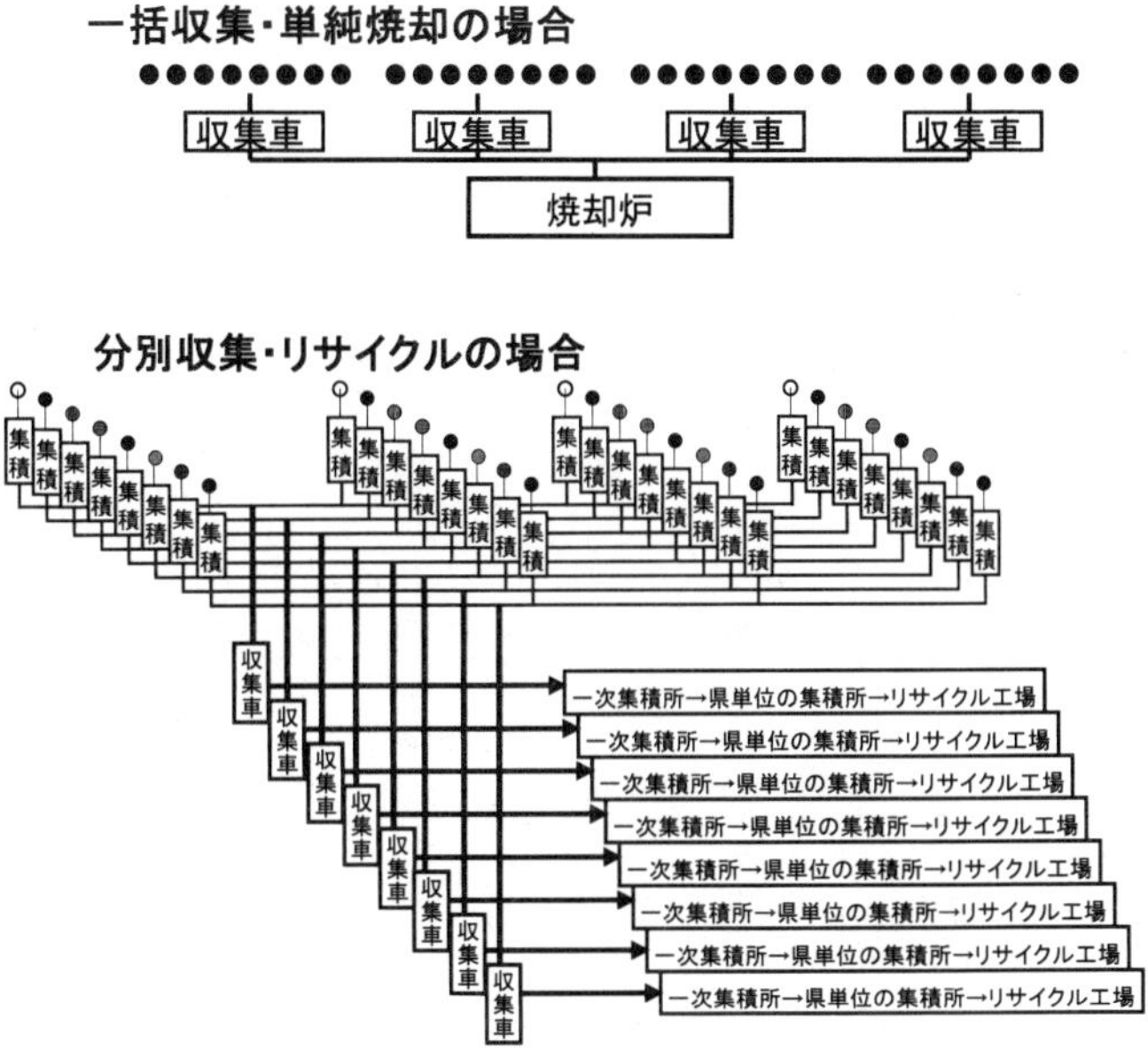

図3　社会からものを集める流れ

計算することにします。

「価値関数」という関数があります。この関数は「ものを収集、分離するときにどの程度の労力がかかるか」を計算するものです。労力がかかればかかるほど人間にとっての価値は低いということになり、価値関数の値は小さくなります。一例として廃棄物の中にどの程度の割合でリサイクルするものが入っているかを横軸に、価値関数の値を縦軸にしたものを図4に示しました。有用物質の含有量が一・〇というのは、収集や分離に労力がかからないということで、分別せずまとめて焼却する場合もこれに当たります。

図を見ると、廃棄物の中に一割入っているものを回収しようとすると、価値関数はきわめて小さく、一括焼却に比べ大変な労力がかかることがわかります。たとえば、アルミ缶やペットボトルなどは三十万トン程度で、廃棄物全体に占める割合は〇・〇六だから、価値関数は焼却の百分の一程度、つまり労力は百倍程度ということになります。家電製品はテレビ、冷蔵庫、洗濯機、エアコンの四品目で百万トン、割合で〇・七だから、価値関数は〇・一程度、労力は焼却より十倍以上かかるということになります。

細かに分別しようとすればするほど、廃棄物の中から取り出そうとするものの割合は小さくなるので、それにつれ価値関数も下がり、労力も増大します。結局、図から読み取れるのは、「分別すると労力がかかる」ということなのです。

私たちの実感でも、ゴミを分別もせず、「大型ゴミの日」もなく、そのまま一緒に捨てるのと、分別作業とを比較したら、前者が簡単なことはいうまでもありません。家庭からのゴミを収集する自治体にとっても、ゴミは一種類の方が簡単です。だからこそ、環境問題が起こる以前には、分別も「大型ゴミの日」もなかったのです。

こうした含有率と労力との関係は、天然から資源を採取する工程で昔から経験してきたことです。

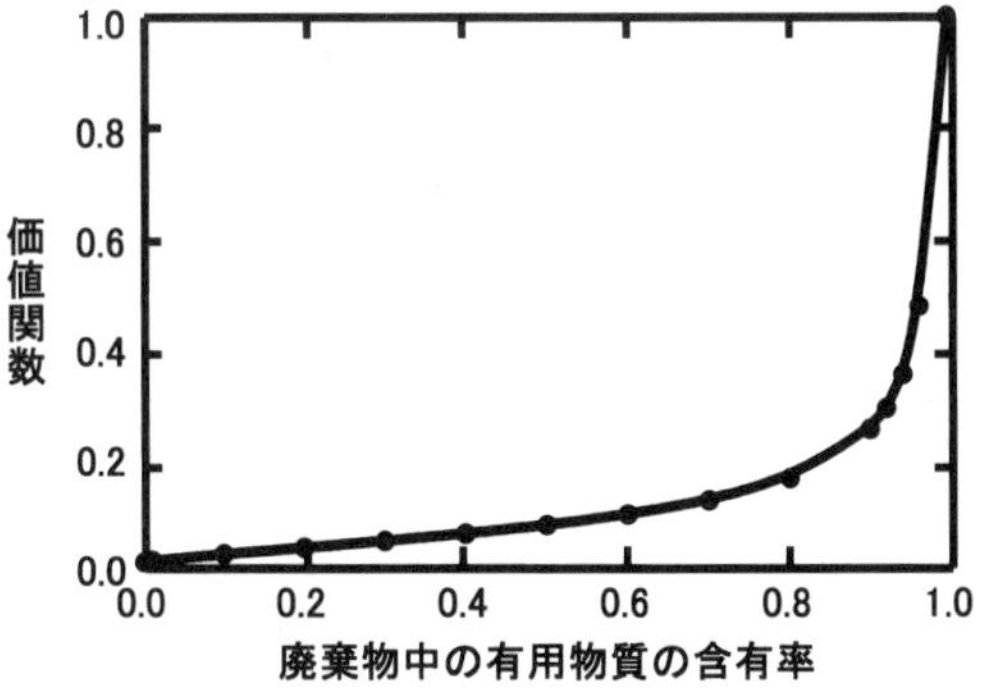

図4　材料の濃度と価値関数

人間は昔から多くの資源を自然からもらって利用してきました。青銅器時代には銅やスズ、鉄器時代には鉄、そして二〇世紀には石油といった具合にです。これらはいずれも天然の鉱脈や油田から採掘されます。鉱脈や油田は「資源がまとまっている」ということが特徴です。それ以外、たとえば海の中にもかなりの鉄が含まれているし、平野にも鉄がありますが、それらを採取して資源として活用しようとした人はいません。

この例でわかるように、人間の使う資源はあらかじめ自然が何らかの作用で蓄積し、濃縮しているものに限定されてきました。おそらく天然のまま利用している数少ないものは、日本で行われている「海水からの食塩の採取」くらいで、その食塩も岩塩がある国は海水からは取りません。

「金《きん》」は高価なものです。では、なぜ金の値段は高いのでしょう？　普通は「需要は大きいが生産量は少ないから」と答えるでしょう。これを資源工学から答えれば、「金の鉱石は地殻中の割合が少なく、鉱石中の金の割合も少ないので、取り出すのに労力がかかるから」ということになります。つまり、金が高いのは「金の価値が高いから」ではなく「金以外のものが多くて取り出すのが大変だから」ということになります。

つまり、資源の利用という点では、二つの原則があることがわかります。第一の原則は、「歴史的に人間は散らばっているものを資源として利用したことがない」ということ、第二に「割合の少ないものから資源を取り出すには労力がいる」ということです。

第一の原則は人間の活動の限界を示しています。二〇世紀に入り人類の活動が非常に活発になったので、私たちは自然に打ち克って何でもできるような錯覚にとらわれがちです。しかし、現在でも人間の活動は自然に大きく依存しているのです。この例でも、「自然が集めてくれた資源しか利用できない」という私たち人間の活動の限界がはっきり示されています。

第二の原則がリサイクルに適用されてきたのが「くず鉄」です。鉄は材料のうちで一番生産量が多く、日本では約一億トンです。多種類あるプラスチックを全部集めてもその六分の一の千五百万トンにしか過ぎず、アルミ缶という単一の商品に至っては三百分の一ほどの量にしか過ぎません。つまり、鉄は日本全体にかなりの割合で存在するものなので、昔からリサイクルが可能だったのです。先ほどの図4をもとに考えると、くず鉄のリサイクルが成立して、ある程度の採算がとれるとすると、その三百分の一しかないアルミ缶やペットボトルは、リサイクルに百倍以上の労力がかかることになります。これが「リサイクルの増幅矛盾」が起こる基本的な原理です。

「分離する」とはどういうことか

リサイクルの第一段階は「集めること」でしたが、第二段階は「集めたものを分離する」という作業です。全国で廃棄され、集められたテレビや冷蔵庫、ビデオ、アルミ缶や布団などが、それぞれのリサイクル工場に運ばれてきたとします。そこから今度は分離が始まります。

たとえば、一番簡単な例としてアルミ缶を取り上げます。まず、①大ざっぱにアルミ缶以外の類似した飲料缶を取り除き、②ペットボトルなどのプラスチック類を除き、③磁力選鉱でスチール缶とアルミ缶を分け、④缶の中に入っているタバコなどの汚いもの、及び鉄分、シリカ(土の成分)を取り除き、⑤缶の表面の酸化チタンを除き、⑥胴体とフタを分け、胴体はマンガンと、⑦フタはマグネシウムと分離した後、⑧最終的に高純度のアルミニウム地金に精製する、などの分離工程をたどります。このような過程を次々ページの図5に示しました。

ところで、リサイクルするものがアルミ缶だけならよいのですが、循環型社会は多くの材料を循環することを前提としています。そのためにはリサイクルの工程で分離した「残りのもの」もリサイクルしなければなりません。たとえば、テレビのリサイクル工場から出る多くの材料のうち、ガラスと鉄だけを回収していては、循環型社会は成り立ちません。分離の過程で出る銅、ヒ素、鉛、スズ、ポリスチレン、ポリカーボネート、ポリフェニレンエーテルなども貴重な材料です。そこでそれらのものもリサイクル工場へ回す必要があります。この循環は循環型社会の中でも一番やっかいであるとともに、極めて重要なポイントでもあります。

人はわがままなもので、「自分が欲しくて取り出すもの」にばかり目がいき、「欲しいものを取った残り」があるということを忘れています。それで、アルミ缶のリサイクルの図には、往々にしてアルミ缶だけが書かれていて、アルミ缶以外の材料がどうしたのか書かれていません。

もう一つやっかいなことに、自然や人間のすることには「完全」ということはほとんど期待できません。慎重にゴミ箱からアルミ缶を抜き出しても、まだゴミ箱にはアルミ缶が残っているのが普通です。人間には暇なときも大変忙しいときもありますし、イライラしてゴミの分別どころではないこともあります。また、個人の家庭はともかく、自治体などの単位で考えると、分別に関心のない人もいて、アルミ缶の回収率を一〇〇パーセントにするのは困難です。

実際にも、先にヨーロッパのプラスチックの廃棄の状態を記しましたが、約二千四百万トンの消費量のうち、三分の一に当たる八百万トンという膨大なゴミは「どこにいったかわからな

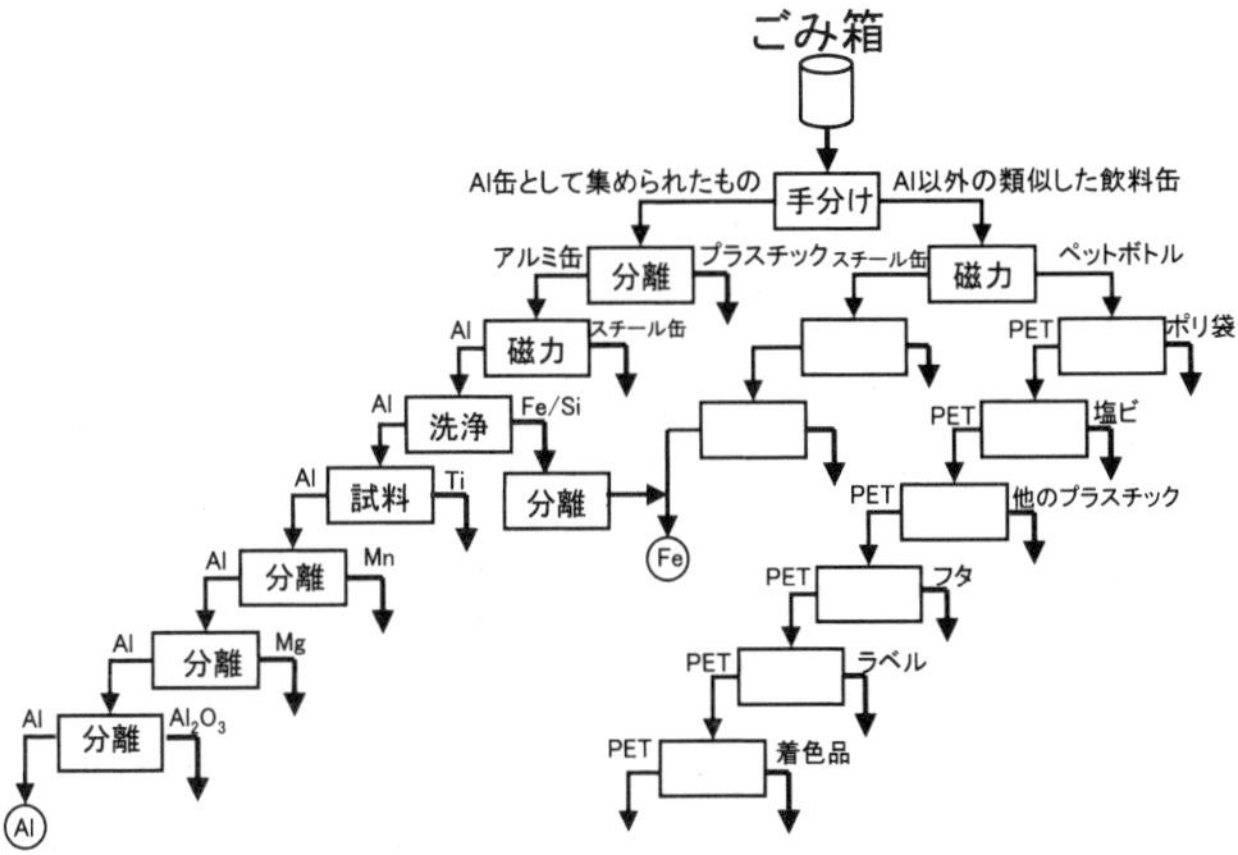

図5　集めたものを分離する流れ

い」のです。社会に蓄積しているといわれますが、それは少ないと思います。多分、農業用のプラスチックが土の中に入ってしまったり、海や川に入ってしまったりしたのでしょう。自動車のタイヤなどは、使っているうちにゴムがすり切れて、一五パーセントが空気中に小さな粉となって飛び散ってしまいます。

これらのことを頭に入れて図5を見ると、さまざまな問題があることがわかります。ひたすらアルミ缶を取り出そうとしている間に出る「ゴミ（資源）」が気になります。また、アルミ缶を取り出すときにも物質やエネルギーを使用するでしょう。社会全体のつじつまを合わせるためには一つのものだけに注目するわけにはいきません。アルミ缶を分離する際に出てくるスチール缶や酸化チタンも、捨てずに回収しますが、問題はそれをどこに持っていったらよいか、社会全体でどのような「リサイクルの流れ」を作ったらよいか、はっきりする必要があります。それが専門家の仕事です。

分離工学ではこのような一つ一つの要素を「分離ユニット」、組合せの仕方を「カスケード」と呼んでいます。

最小単位は「分離ユニット」

目の前に一つの「鉱石」があるとします。今までの概念では、「鉱石」は天然の鉱石そのものですが、循環型社会では「家庭のゴミ箱」や「製造工場の不良品倉庫」の中に資源があるので、それが「鉱石」に相当します。ワンウェイ社会では鉱石から有用元素を取り出す作業は主として機械が担ってきましたが、循環型社会では人がそれを担うことも多くなります。家庭で主婦が分別する作業や、ボランティアの作業がこれに当たりますし、リサイクル工場での手分け作業も同様です。人間を機械と同列に扱うようで、大変失礼だとは思いますが、ここでは機械であるとか人であるとかをあまり意識せず、その中で行われていることだけを取り出して考えます。

資源獲得の最初の段階は、いろいろなものが混じっている中から必要なものを分けて採ることですので、そこには「分離」の一番小さな基本的な単位が存在します。

分離工学ではそれを「分離ユニット」と呼んでいます。

分離ユニットでは「できるだけ目的のものだけを」「できるだけ早く」取り出したほうが効率的です。そこで、分離ユニットの性能を決める要因として、ゴミ箱から素早く目的のものを分別する性能＝「分離速度」と、目的物をできるだけ純粋に取り出す能力＝「分離係数」とに分けて考えることになります。分離速度が速く、分離係数が大きい分離ユニットほど循環型社会の基本単位として優れていることになりますが、世の中の多くのことと同じように、あちら立てればこちら立たずで、分離速度を速くしようとすると分離係数が小さくなり、反対に分離係数を大きくして確実に分離しようとすると分離速度は遅くなります。

現実のプロセスでは分離係数を無限大にできないので、望みのものを一回で得ることは不可能に近いということになりますが、それは四九ページの図5で示したとおりです。そこで「分離を何回か繰り返す」、つまり「分離ユニットを縦に組み合わせる」ことになります。これを「分離段」と呼びます。アルミ缶の例を示しましたので、その例で数えると、集めるときの段数と、分離するときの段数をあわせて十段以上の分離段数を要していることがわかると思います。テレビなどの電化製品ではさらに多くの分離段数が必要とされます。

もっとも簡単といわれる「リターナブル・ビン」でも同じです。リターナブル・ビンでは、まず①家庭で他のゴミとビンを分け、②家庭で必要に応じて洗浄し（ガラスとガラスの中にある物を分離するユニット)、③ビンの一時貯蔵所で他のビンを除き、さらにガラスのカレットにしようとすると、④リサイクル工場で色分けし、⑤ラベルをはがし、⑥洗浄し、⑦磁石で鉄を分離し、⑧金属探知器でアルミを除くという八段のユニットを要します。

このように、リサイクルからであれ天然の鉱石からであれ、資源をとるというのはかなりやっかいなプロセスなので、目的のものを得るのにどれだけの労力が必要か、学問的な助けを得て少しでも楽に見通したいという要請から、次の「理想カスケード」という概念が生まれてきました。

理想状態を仮定すれば…

人間は日々改善を進める動物です。初めはとても原始的な方法で行っていても、徐々に改善し、気がついたらスマートなやり方で処理していた、というようなことが普通です。リサイクルの場合でも、現在は不能率なやり方ですが、将来は少しずつ改善されて能率も向上していくでしょう。このような人間の特性を考えると、改善途上の段階をいちいち考えるのではなく、最初から「理想的状態」を考え、その状態を明らかにするほうが本質がよく見えるはずです。

分別の理想的状態の理論は、次の二つの仮定を考えるところから始まります。

一、一度分別したものは、二度と一緒にしない。

二、みんなが協力し、どんなものでも自由に使うことができる。

まず、第一の条件は、リサイクルするためにいったん分別したものは、他の材料と混ぜないということで、これは注意さえすればできるように思います。

二番目は、分別したり運搬したりするのに、「みんなが協力してくれる」「お金に糸目をつけない」、あるいは「やり方を事前に十分研究する」という状態です。「ともかく、何でも理想的にやれると仮定しよう。お金は十分にあり、分別に一番良い方法を研究者が教えてくれて、団地の住民はこぞってリサイクルする」としようじゃないか、それで考えてみよう、というわけで、それが「理想の第二条件」となります。

このような仮定の下で「理想カスケード（ideal cascade）理論」が組み立てられています。理論の内容はかなり専門的になるので、ここでは詳しくは述べませんが、この二つの仮定に基づいて複雑な分離を解析すると、非常に基本的な概念と簡単な式が得られます。

まず基本的な概念ですが、それを「分離作業量（ＳＷＵ）」といいます。読んで字の如く、あるものを分離するのにどの程度の労力が必要かという値を示します。もちろんその値は、あくまで理想的な状態でリサイクルや回生が行われたときの数値で、実際には理想カスケードで求めたものより何割増しか、ときには何倍かの労力がかかりますが、ともかく理想的な状態で分離をした際の労力が計算できます。

たとえばアルミ缶を日本国内から集めて、リサイクル工場へ運び、そこで精製して再びアルミ缶の原料にするという場合、それにどの程度の労力がかかるかをSWUという単位で示すことができるのです。

具体例をあげれば、リサイクルしようとするアルミ缶が一キログラム、そのリサイクル率が五〇パーセントのときに、分離作業量が三十キログラムSWUと計算されたとしたら、リサイクルするアルミ缶は一キロだが、それを循環するのに社会は三十キロ分の労力を払う、と考えてよいのです。

理想状態を仮定するからこそできる計算ですが、おおよその値が得られます。ちなみに、一つ一つの工程を積み上げて計算しても、産業連関表などを使用して丹念に計算しても、同じような値が得られます。

この「分離作業量」は、「ユニット関数」と、先ほども述べた「価値関数」の逆数のかけ算で決まります。この二つの関数は名前が少し取っつきにくいのですが、いったん覚えると、とても便利な概念です。まず、「ユニット関数」から。

家庭や事業所のゴミから目的のものを分別する最小の単位を「分離ユニット」と考えることはすでに示しました。「ユニット関数」とはその「分離ユニット」の能率を示す数値です。分別に際し、注意深い人や材料の知識のある人が当たったり、優れた機械を用いたりすれば、完全に近い分別ができますが、イライラしている人やアルミとスチールの区別がつかない人が当たったりすると、いい加減な分別しかできません。そのような分別の能率を平均化して値を求め、そこから「ユニット関数」の値が計算できるのです。

つまり、分離速度が速く、分離係数が大きいほど、言葉を変えれば、能率が良いほど、ユニット関数は小さな値になります。たとえば、神様のような人がいて、家庭のゴミ箱の中からアルミ缶を取り出し、その場でラベルや鉄、土、さらには合金として入っているマンガンやマグネシウムまで一気に除いて、アルミ缶リサイクル工場に手で投げて届かせれば、ユニット関数はほとんどゼロになります。反対に、分別の下手な人が当たったり、性能の悪い機械を使ったりして、何度やってもほしいものがとれないときには、ユニット関数はとんでもなく大きな値になります。そういう概念の値です。

一方、先にも述べた「価値関数」は、英語で「バリュー・ファンクション」という名前がついているとおり、分別が社会に与える「価値」に比例した関数です(価値関数は本著の定義の逆数をとる場合もあります)。価値関数の値は正確には、①分別しようとするものがゴミの中にどのくらいの割合で入っているのか(含有率)、②最終的にどのくらいの純度の物質を循環したいのか(再生品の純度)、③社会でのその物質の回収率をどの程度に設定するのか(リサイクル率)、の三つの要素からなる数式により計算できます。社会の現実(含有率)と希望(純度、リサイクル率）によって決まるのですから、「ユニット関数」が分別の性能に関係しているのとは好対照です。

価値関数の計算式はやや複雑ですのでここには示しませんが、含有率が高ければ高いほど価値関数も大きくなります。先の図4では、①分別しようとするものがゴミの中にどの程度の割合で入っているか（含有率）、を横軸にしてプロットしました。ゴミの中に大量に入っているものは社会的にもリサイクルが必要で、取り出す労力も相対的に小さいので、価値関数は大きくなるのです。反対に、ゴミの中に少ししか入っていないものは、「物質」としては貴重かもしれませんが、「社会の資源」としては取り出す労力が膨大であまり価値がなく、価値関数は小さくなります。小学校の校庭の土に鉄分が含まれていても、それが人間のための資源としては価値がないことを、価値関数は定量的に示しているわけです。

また価値関数を使えば「リサイクル率」に対する考え方もしっかりしてきます。現在は何でも「リサイクル率が高ければよい」とされていますが、リサイクル率が上がると価値関数は小さくなります。価値関数が小さくなるというのは、より労力がかかるということです。リサイクル率を高くすることは感覚的には社会に対して価値があるようにみえますが、そこにかかる労力を考えるとあまり価値があるとはいえない、ということを示しているわけです。（なお、再生品の純度を上げても価値関数は小さくなりますが、純度が価値関数に与える影響はリサイクル率ほどではありません。）

先ほど分離作業量はユニット関数と価値関数の逆数のかけ算だと記しました。分離ユニットの能率が良く、目的物のゴミ中の含有率が高かったりリサイクル率が低かったりすれば（つまり価値関数が大きければ）、ユニット関数が小さくて価値関数の逆数も小さいわけですから、分離作業量は小さくなります。リサイクルにさほど労力がかからないということです。一方、分離ユニットの能率が悪く、ゴミ中の含有率が低い上に徹底してリサイクルしようとリサイクル率を上げれば、まったく逆の計算で、分離作業量は大きくなります。リサイクルするのに大きな労力がかかるのを覚悟しなければいけないとわかるわけです。

このようにリサイクルや循環型社会を考えるときに、工学を使ってその到着点を理想的な状態として捉え、理論計算を行うことによって、行動の結果を見通すことができるのです。私たちがリサイクルに支払う労力が何に依存するのか、どうすれば一番労力が少なくてすむ社会にできるのかを予測できるのです。「作ってみなければわからない」とか、「動かしてみなければわからない」というのでは、工学という学問の意味がありません。旅客機を飛ばしてもいつ墜ちるかわからないのでは、工学ではないのです。

最後に、とっておきの図を紹介したいと思います。

図6がそれで、「理想カスケードの形」を示したものです。しかし「形」といっても、リサ

イクルや循環型社会がこのような形をしているのではありません。あくまでも理論計算の結果作られた抽象的な概念の図と思ってください。便利なことにこの図から、分離作業量がどの段階で大きくなるのかが読み取れるのです。

まん中の図は、ゴミの中に二パーセント入っていた材料を取り出し、最終的に九九パーセントの純度のものをリサイクル工場で作り、リサイクル率は五〇パーセントだとしたときのものです。昔の磁器の壺のような形をしていますが、そのインプット（F）の矢印の右の最大幅部分がゴミから必要なものを取り出す第一段の工程を示しています。ところで、横幅は労力の大きさを表しています。つまり、その第一段の工程において横幅が一番大きく面積も広いわけだから、ここにもっとも労力がかかっていることがわかります。

そこから上のほうは、徐々にリサイクルが進んでいく状態を示しています。たとえばこの図の材料がアルミ缶だとすると、図の上のほうはすでにスチール缶と分けられ、土や鉄も除かれて、徐々に純粋なアルミに近づいている状態です。このように上のほう、つまりアルミの純度が上がってくるところでは図の面積は小さくなり、それだけ分離の労力が減少していることを示しています。この部分はリサイクル工場が担当しているので、そこの運転にはさほど大きな労力を払わなくてもよいことがわかります。

それに対して、最初の段階は大変です。これを主婦やボランティアが担当しています。そし

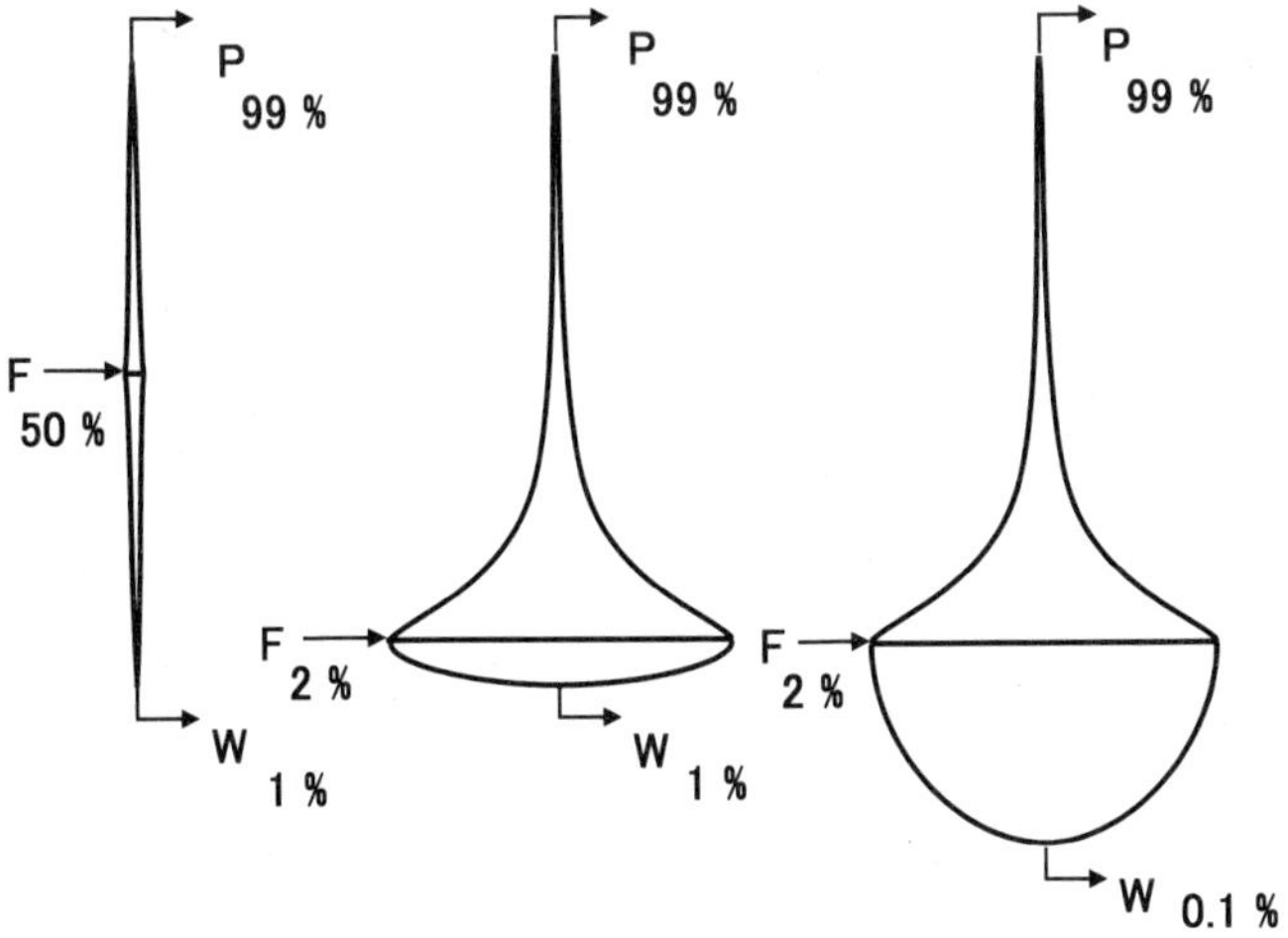

P：再生品（%は純度）
F：目的の材料を取り出す元のゴミ
（%は取り出したい材料の含有率）
W：最終廃棄物
（%は取り出しきれず残った材料の含有率）

図6　理想カスケードの形

て、自治体が担当しているのが下の部分で、ここはアルミ缶を取り出した後のゴミの処理や、最初に回収したアルミ缶の運搬などに相当します。

こうしてこの図から、多くのリサイクルにおいて、最初に取り出す人（多くは使った人）や最初の段階でゴミを収集したり処理したりする人（多くは自治体）が、分離作業量の大半を分担することがよくわかります。

なお、ゴミ中の目的物の

含有率、リサイクル率など、与えられた条件によって図の形は変わってきます。右の図は、まん中の図の条件のうちリサイクル率を九五パーセントに上げたもので、それだけで下の部分が大きくふくらむことがわかります。つまり、主婦やボランティア、自治体などの負担がいよいよ増大します。左の図は、目的物の含有率を五〇パーセントに上げたもので、第一段の工程の幅がきわめて小さくなって、それだけその段階の労力が軽減されることがわかりますし、全体の面積も小さくなって、全分離作業量も減少するのがわかります。

現在のリサイクルの仕組みでは、これまで述べた分離の原理どおり、家庭や自治体に多くの負担がくるようになっているのですが、それが形として目に見えるところが、理想カスケードの図の優れた点といえるでしょう。

濃度が低いほど価値がない

循環型社会は今に始まったことではなく、地球誕生以来、地球自体は循環型社会を営んでいたことは、すでに示したとおりです。地球が回生し浄化していた資源を、人間が活動に使っていたに過ぎません。結局のところ、ワンウェイ社会においても、ここまで分離、分別の計算で示してきた原理は同じです。天然の鉱石から精製するのであっても、社会の廃棄物からリサイクルするのであっても、資源として取り出す原理は同じだからです。

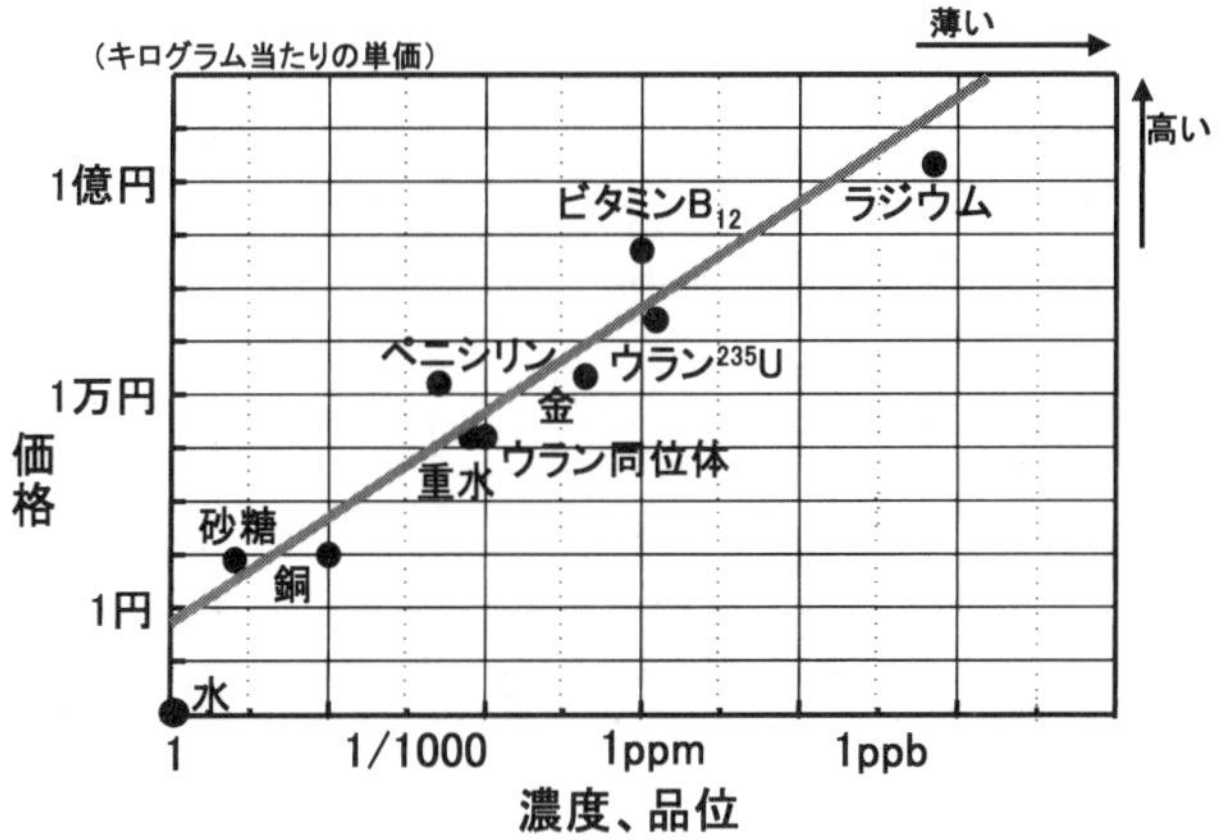

図7　原料の割合と製品の価格

一つ例をあげます。天然から原料を得て工業的なプロセスを経て製造するいろいろなもの、たとえば水、砂糖、銅、ペニシリン、ウラン、金、ビタミンなどについて、原料の割合（品位）とその製品の価格を調べ、その結果をプロットしたのが図7です。ここには原料濃度が低いと製品価格が高くなり、濃度が高いと価格が安くなるという単純で明確な相関がみられます。

ここにプロットした工業製品は、それぞれ異なった製造方法で作られています。原料濃度が低くても簡単にできそうなものもあり、原料に多く含まれていても途中の工程が面倒でコストがかかりそうなものもあります。それでも、図に見られるように、原料の濃度と製品の価格に一定の傾向があるというのは、ある意味では驚くべきことです。

注目すべきは、図中に示した斜めの直線です。これは先に説明した「分離作業量」の理論計算値です。作業量は労力であり、必ずしもコスト（価格）やプライス（値段）と同じではないのですが、その計算値は実に見事に実際の製品の価格と一致しています。このことは次の二つのことを考えさせます。

まず第一に、現代社会の価格形成システムは合理的で、コストやプライスという「お金」は製造工程で購入する原材料のキログラムや電力のキロワットなどに依存しており、決して経営者の思うとおりに価格が決まるわけではないということです。「物質、エネルギー」という物理的な量と「コスト、価格」という社会的な指標が比例関係にあるのは、厳しいコスト決定のプロセスがあるからでしょう。

社会については社会学や経済学が担当し、自然は自然科学が担当します。しかし、社会が一人一人の人間の動きとは別に、ある合理的な因果関係で動いているとすると、社会の動きが自然科学の原理で説明できるのはそれほど不思議ではないかもしれません。

もう一つは、資源工学の原理と資源枯渇の関係です。つまり、

――人間は地殻にある資源を使っているように考えているが、実際には特別な状態にある資源しか使っていない。鉄鉱石にせよ、石油・石炭にせよ、地殻全体に散らばっているのではなく、自然の力であらかじめ集められたものである。したがって、人類にとっての「資源の枯

渇」とは、地殻にある資源がなくなることではなく、あらかじめ集めたものを使い尽くすことである

ということです。これを価値関数から解釈すると、

――人間があるものを資源として利用しようとしたときに、原料となるものの濃度が小さ過ぎると、価値関数の値が小さくなり、循環量が膨大となって、結果的に資源としての価値がなくなる――

といえます。循環型社会を考えるときに、これまで自然が受け持ってきた「分散したものを集める労力」を誰がどのようにして分担するのかが、最大のポイントであることを示しています。

5　「材料」と「焼却」の意味を知る

循環型社会の成否を決める大きな要因の一つは「材料の循環」です。したがって、それを自分の力で正しく判断するためには、現在社会で使用されている材料についても、原理的な性質を理解しておくことが必要です。ここでは、循環型社会に関係する材料の基礎的知見をまとめました。

5・1　なぜ材料は劣化するのか

構造でわかる材料の性質

【金属】

材料は、鉄や銅で代表される金属材料、ガラス・陶器などの無機材料、プラスチック・繊維・ゴムなどの有機材料の三つに大別されます。

金属材料は独特の光沢をもち、不透明で強く、金箔に代表されるように「叩けば薄く広がる」という特徴をもっています。このような金属の「特徴」は基本的な「材料構造」と直接的に関係していることを、まず念頭においてください。

金属は「丸く硬い玉」が「箱」に入っているような構造をもっています。表現はあまり適切ではないかもしれませんが、パチンコ玉が箱に入っていると考えればいいでしょう。箱の中に入っている玉は非常に硬いので、箱を上から押しても全く凹みませんが、玉同士はそれほど強い力で結合しているわけではないので、横から押せばズレて形が崩れます。

実際の金属では、この「丸くて硬い玉」は金属を作っている鉄や銅の元素であり、「箱」は金属材料そのもの、つまり鉄板や銅線です。鉄や銅が押しても凹まないのは、それぞれの元素が硬いからです。では、なぜ鉄は「圧延」すると薄い板になるのか、なぜ金箔はあんなに薄くなるのか、言葉を変えると、なぜ強い力で引っ張ったり延ばしたりするとその形を変えるのかといえば、内部の元素がその位置を自由に変えることができるからです。

また、「丸くて硬い玉」が一つ一つ完全にバラバラだと、ある形を自分で保つことはできません。そこで、形を保つには玉同士をある程度の力でつなぎ止めておく必要があります。その役割を果たしているのが「電子」です。そして、金属では元素が自由にその位置を変えられるのと同じように、電子も自由に金属の中を走り回っています。

金属の電子は自由に動くので「自由電子」といわれていますが、その意味をはっきりと理解するには、ガラスなどの他の材料の内容を理解してから、もう一度考えたほうがわかりやすいと思います。とりあえず「金属の電子は自由に動くのだ、だから自由電子と呼ぶのだ」という程度に理解しておくこととします。

金属の電子が自由であるのは、鉄や銅などの元素にその周りを回っている電子を放す傾向があるからです。丁度、側にいると面倒なので「どこかに遊びにいってきなさい」と言って子供を遊びにやるようなものです。子供は自由に飛び回り、それでいて親同士を結びつける役割を果たします。「子は夫婦の鎹《かすがい》」といいますが、「子」を「電子」、「夫婦」を「元素の集まり」とすればぴったりです。

これだけおさえておけば、金属の主な性質は自分の頭で推論するだけでわかるといってもさほど大げさではないでしょうし、リサイクルや循環型社会を考える上でも参考になります。

まず第一問として、「金属はなぜ不透明か?」と聞かれたとします。この難しい問いにも、たったこれだけの知識で次のように答えることができます。

〈答〉金属の中では電子が飛び回っている。だから金属に光が当たると、まず飛び回っている自由電子にぶつかり、跳ね返される。光が透過しないので金属は不透明である。

また、光は金属の表面で電子にぶつかって跳ね返されるので、金属独特のピカピカした光沢

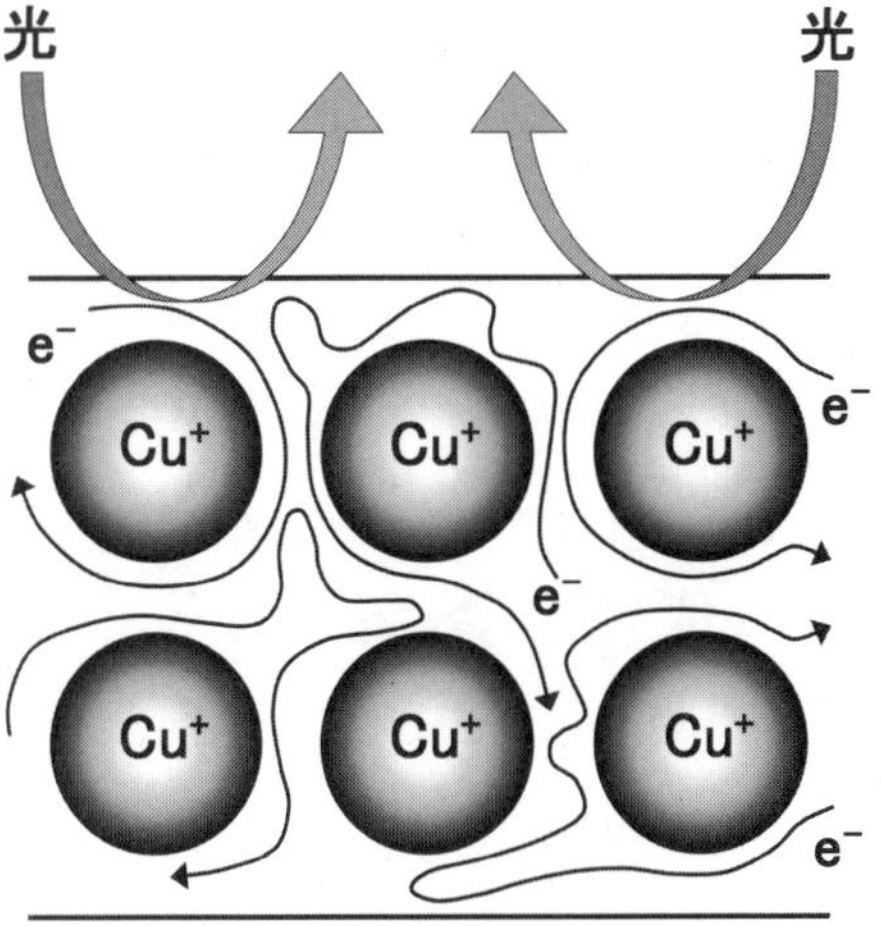

図8　金属材料の構造と電子

が見られます。逆にいえば私たちは、金属光沢というものを通じて、金属の構造を知り、自由電子を直接、目で見ることができるといってもよいでしょう。

材料の基本的な構造を頭に入れておき、電子のような小さなものでも「目で見えるような気がする」という感じをつかむと、材料がすっかりなじみ深い存在になります。

では第二問、なぜ金属は叩くと延びるのか?

〈答〉金属では、元素はどの場所にいなければならないということはなく、どこにずれても、周りに電子が走り回っていて離れることがない。だから形は自由に変わり、叩けば延びる。

このような「叩けば元素の位置が変わって

延びる」性質を金属材料の「展性」といいます。匠《たくみ》がうまく叩けば少しの金が畳一畳にもなるのはこのためです。

さて、鉄、銅などの元素は、天然の鉱石の中にあるときには、酸化鉄として酸素と結合していたり、硫化銅としてイオウと結合したりしています。つまり、鉄や銅のような金属元素はそれ自体不安定なので、酸素やイオウと結合し酸化した状態で安定して、地中に眠っているわけです。そこで金属として取り出すときには、酸化鉄や硫化銅を「還元」することになります。鉄を作るための溶鉱炉や転炉などは、まず酸化鉄を還元し、ついでに不純物を取り除くための仕掛けです。

酸化鉄を還元するときには炭素を使います。鉄は比較的還元されやすい金属なので、溶かしてコークスのような炭素でできたものを入れれば還元されます。プラスチックも炭素でできているので、高炉に入れて鉄の還元に使用することができます。

アルミニウムは強固な酸化物（ボーキサイト）で、コークスやプラスチックのような弱い還元剤で還元することはできず、電気を使って還元します。アルミニウム精錬には大量の電気を使うとか、アルミ缶は電気の缶詰だとかいうのは、これが理由です。

ところで、金属材料はもともと不安定で、空気中の酸素と反応しやすく、使っているうちに表面に錆が出ます。鉄の錆は黄色、銅は緑色ですが、アルミニウムが錆びたアルマイトは、錆びているとは気がつきにくい色をしています。金属によって酸化物の性質は異なります。鉄の錆はボロボロなので鉄の釘が錆びるとすぐわかりますし、銅でふいた瓦は錆びるときれいな緑青《ろくしょう》になります。アルミ缶の表面を覆うアルマイトは、それ以上の腐食をくい止めるのでとても好都合です。

リサイクルに回される金属材料の表面は錆びていますが、表面の錆を落とせば中身はそのまま使うことができます。金属は「硬い玉」が並んでいるだけの構造なので、表面の酸化した部分を別にすると「並べ直し」ができ、「劣化しない材料」です。その意味で金属はリサイクルに適した材料で、循環型社会では中心的な材料になるでしょう。そして、なぜ金属だけはリサイクルに適しているかということを材料の構造と結びつけてしっかり頭に入れておくと、リサイクルの話を透明感をもって理解することができます。

【ガラス】

ガラスは透明で美しく、同時に硬くて脆いものです。窓ガラスは簡単に割れて、粉々になり、ナイフのように鋭く危険です。そして、一度、割れたガラスを接着剤でつないでもきれいなガラスにはならないことも、私たちは経験的に知っています。陶器やガラスなどの無機材料がなぜ硬くて脆いか、これも金属材料と同様に構造から理解するほうが早道です。

無機材料を形作るケイ素（Si）と酸素（O）は互いに「自分の電子」を出し合って、それでしっかりと結合しています。

金属では一つ一つの元素は自由に場所が変えられるし、電子も自由に動き回っているので、どの電子がどの元素から出てきたかはわかりませんが、ガラスの場合は、ケイ素は隣の酸素と互いの電子でしっかりと結合しているので、自分の場所を変えることができず、電子もケイ素と酸素の間から動けません。元素と電子の両方が完全に拘束されていると考えたらよいでしょう。

その結果、ガラスは硬く、外から力がかかっても、元素は断固その場所を動かず頑張ります。そして、耐えられないほどの力がかかったら、ついにケイ素と酸素の間の結合が切れてバラバラになります。これがガラスが壊れる瞬間のできごとです。

ガラスや陶器の構造がわかれば、その他の性質も推定できます。たとえば、「金属は不透明なのにガラスはなぜ透明か？」という質問には、「ガラスには金属のように自由電子が走り回っていないので、光はケイ素や酸素の間を通り抜けることができる」と答えることができます。外からガラスに入った光は、よほど運悪く元素と衝突する以外は、全部素通りしていくのです。

ちなみに、茶碗や皿といった陶器は、ガラスと同じ構造なのに不透明です。ただ、陶器が不透明な理由は材料の本質的な構造とは無関係です。

金属もガラスもプラスチックも、材料によって温度は違いますが、高温で溶けた状態から形を整えます。これに対して、陶器を作るときは、細かい粒を水に「分散させ」、どろどろにして固めます。その結果、陶器は非常に小さな粒が集まった構造になり、材料を通過しようとする光は粒と粒の間で散乱し、不透明に見えるのです。

こうしたことは陶器だけではなく、スリガラスも「故意に」表面にでこぼこを作って、そこで光を散乱させて不透明にしています。陶器は内部が小さな粒子でできているので、全部がスリガラス状であるともいえるでしょう。

ガラスは完全に均質なので、触ってもすべすべしていますが、陶器は粒でできているのでざらざらしています。この場合でも、見えないほど小さな構造を肌で感じることができるわけです。また、陶器は土でできている上に、水に分散させて形を整えるので、簡単に作ることができます。このことは「なぜ陶器はリサイクルに適していないのか」という理由にもなっています。

ガラスは錆びません。というより、ケイ素は酸素と結合しているので「もともと錆びている」ともいえます。その点では安定した材料ですので、リサイクルしてもよさそうですが、資源的にいうと「ガラスの原料」と「土」は同じです。品質の良い土は産地が限定されますが、一般的にはリサイクルする必然性は乏しいといえます。

【プラスチック】

プラスチックやゴム、繊維などの「有機材料」は、金属やガラスとは全く違う構造をもっています。これらは「高分子」という長い分子でできています。

たとえば「糸」または「鎖」のようなものが絡み合っている状態をイメージするといいでしょう。糸がこんがらがった状態に腹を立て、ギューギュー引っ張ってますますこんがらがり、ついには固い糸鞠になることがありますが、いわばそれとそっくりの構造をしたのがプラスチックです。

「高分子」同士は化学的に結合しているわけではありませんが、なにせ絡み合っているので、容易にはほどけません。しかし、絡み合っているだけなので、ある範囲では自由に動けます。それで、プラスチックは柔らかく曲がりやすいのです。

プラスチックの強さは「絡み合い」によって決まっています。絡み合いが強いと少々の打撃でも破壊しません。こうした強いプラスチックの代表格がポリカーボネートという高分子で、自動車のランプカバーやCDなどに応用されています。

これと反対に、絡み合いが少ないプラスチックは脆くパリンという感じで壊れ、その断面は鋭く、ガラスと似ています。代表的な脆いプラスチックはポリスチレンです。プラスチックの定規を二つに割ると、絡み合いが少ない性質を体感できます。

図9　プラスチックの構造と絡み合い

弱いプラスチックは工業的にはゴムを補強剤に加え利用されます。その代表的なものはテレビのキャビネットで、ゴムで補強されたポリスチレンが使われています。また、同じプラスチックでも、高分子が長く、つまり糸が長くなると絡み合いが増えて強くなりますし、短くなると弱くなりますが、これも同じ原理に支配されています。

プラスチックは炭素でできていますが、ガラスと同様に、光は糸のような高分子の間を通り抜けていきます。そのために透明ですが、ガラスのようにしっかりした構造をしていないので、光がフラフラしている高分子にぶつかり、多少散乱します。その結果、ガラスに比べて透明度が落ちるというわけです。

地球上の生物はプラスチックと同じ高分子で

できています。このことはリサイクルや循環型社会を考える上でとても大切なことです。「何で生物はプラスチックと同じ高分子でできていて、金属の生物はいないの?」という質問に答えられないと、リサイクルを本当に理解することはできません。

有機化学というのはとても面倒な学問です。エタン、ベンゼン、アルコール、アルデヒド、脂肪酸、アミン、スルホン酸など多種多様の化合物が教科書に出てきて、それを暗記しないとなかなか試験に通りません。化合物の種類も膨大なら、反応はさらに多種多様です。いちいち覚えなければならないと言われてすっかり有機化学が嫌いになり、「もう亀の子(ベンゼン環のこと)を見るのもいやだ」という人も多いようです。

複雑で面倒、そして反応しやすいということが、生物がプラスチックと同じ有機材料を自分の体に使った主な理由です。生物はその種類も多いのですが、形としても樹木、動物の毛皮、人間の皮膚や筋肉などバラエティに富んでいます。多種多様であることがいろいろな生物を生む原動力となり、生命の進化に結びつきました。生物の体を形作る「高分子」が反応性に富むことは、生物にとって本質的に重要なことなのです。

一方では、反応しやすいので、使っているうちに着色したり、劣化したり、空気中で燃えたりもします。歳をとると肌は劣化してしまい、赤ちゃんのようなすべすべした肌には戻りません。そこで生物は、高分子がすぐ劣化することに対しては「ときどき材料を取り替える」——

つまり、子供を作って体を入れ替える——という戦術で解決をはかります。

劣化が避けられない理由

【プラスチック】

「材料は使用すれば劣化する」という原理をそのまま示すのがプラスチックです。生物はプラスチックと同じ材料を使い、お母さんのお腹の中でできます。優しい条件でできるので、厳しい環境では耐えられないと考えていいでしょう。

プラスチックや繊維は「高分子」でできていて、強度は絡み合いで決まることは説明しました。人間が使用するのに十分な強度をもつには、鎖一本当たり七カ所以上の絡み合いが必要です。

あるプラスチックの鎖一本が千個の元素のつながりでできていて、その一本が全体で十カ所の絡み合いをもつとします。七カ所以上の絡み合いがあればいいのだから、これは少し余裕をもった十分な強度をもつ材料といえます。このプラスチックを使っているうちに、鎖の真ん中が切断されたとします。鎖の長さは五百個になり、絡み合いは五カ所に減少するので、この材料はいっぺんに弱くなることがわかります。実に単純な原理ですが、プラスチックを使うと劣化するということの主たる原因は、鎖が切れて絡み合いが弱くなることなのです。

このほかにもたとえば、鎖がお互いに反応して結合し、はしごのような構造になることもあり、その状態を「架橋した構造」といいます。プラスチックは長い鎖が絡み合ってできているので多少の融通性があり、外から力がかかっても絡み合いの場所をずらして力を避けることができるのですが、架橋すると融通性がなくなり「ガチガチ」になります。まるでガラスのような構造に変わってしまうのです。

ガラスの場合はケイ素と酸素の間の結合が強いので、ガチガチではあってもある程度の強さをもっています。しかし、プラスチックの構造は本来それほど強いものではないので、絡み合いで融通性がなくなると「パリパリ」になって壊れるのです。

私たちは日常的にこの状態をよく経験しています。たとえば庭仕事に使うプラスチックのバケツを買ってきたとします。買ったときは表面もきれいで、すこし柔軟性もあるのですが、そのバケツを一年も外においておくと太陽の光で表面は荒れ、「パリパリ」になり、水を満杯に入れて持ち上げるとパリンと壊れてしまいます。これは太陽の光で鎖が切れてしまうことと、架橋して融通性がなくなることが原因です。

長く使っている革張りのイスの端がボロボロになったり、愛用していた洋服の糸が弱くなったりするのは、やはり高分子が切れたり架橋したりすることによっています。

プラスチックなどの劣化には、このほかに化学変化によって化学構造自体が変化することもあります。日常生活で経験する例としては「色が変わる」というのがそれです。変色が単に汚くなるとか、商品価値を落とすとかに過ぎない場合もありますが、材料の本質的な機能をダメにすることもあります。たとえば湿気を吸収してはいけない材料が酸化して構造が変わり、湿気を吸収するようになったり、化学変化により新しくできた構造で絶縁が悪くなり、ショートしたりする場合などがそれです。

特に、ゴムは空気中の酸素に触れて酸化しやすく、ゴムとしての弾力性を失います。ゴムは分子の中に二重結合があり、その他の特別な立体構造をしているので「ゴムらしい」のであって、構造が変わってはゴムはゴムでなくなるのです。

このようにプラスチックは本質的に一度しか使えない材料ですが、幸いなことに燃やせば石油とほとんど同じ熱量が得られます。したがって「プラスチックは使ったあとは燃やす」という材料です。このことはあとで詳しく触れます。

【ガラス】

一方、ガラスの使用中の変化はどうでしょうか?

金属やプラスチックに比べると、ガラスや陶器などの無機材料は劣化しにくい材料です。私たちの身の回りにも陶器やガラスの食器がありますが、古くなっても丁寧に扱っていれば変わらず使えます。その理由は、ケイ素と酸素でできたガラスや陶器は単純でしっかりした構造をしている上に、もともとケイ素と酸素が強く結びついた安定した状態（酸化状態）なので、今さら空気にさらされて錆びるといったことがないからです。

したがって、ガラスや陶器は「使用すれば劣化する」という材料工学の原理は、よほど長期間使用しなければ表面化しません。しかし、「社会全体でリサイクルが行われる」という状態では、別の形でガラスも劣化します。

テレビのブラウン管は三つの部分に分れています。使われる場所によって要求される性能が違うからです。それを表2に示しましたが、相当複雑な組成であることがわかります。

ブラウン管の前面の「パネル」といわれる部分に使用されているガラスは、主成分が酸化ケイ素ですが、それでも六〇パーセントを占めるに過ぎず、その他に酸化ストロンチューム、酸化バリウム、酸化ナトリウム、酸化カリウムがそれぞれ一〇パーセント弱含まれています。少量含まれる化合物まで数えると十二種類に及びます。

これに対してブラウン管の中間部分（ファンネル）や後面部分（ネック）に使用されるガラスは、酸化鉛を多く含みます。主成分の酸化ケイ素は五〇パーセント前後で、酸化鉛が二〇から三〇パーセント程度、さらにファンネルには酸化マグネシウム、酸化カルシウム、酸化ナトリウム、酸化カリウムが、ネックには酸化カリウムが主として添加されています。

成分(%)	パネル	ファンネル	ネック
酸化ケイ素	60	51	47
酸化アルミニウム	2	4	2
酸化マグネシウム	1	5	−
酸化カルシウム	1	5	1
酸化ストロンチューム	8	1	−
酸化バリウム	9	1	−
酸化亜鉛	1	−	−
酸化鉛	−	22	33
酸化リチウム	−	−	−
酸化ナトリウム	7	6	2
酸化カリウム	7	7	15
酸化ジルコニウム	2	−	−
酸化セリウム	0.3	−	−
酸化チタン	0.5	−	−

表2　ブラウン管のガラスの代表的組成

このように複雑な組成をしているのは、ブラウン管の前面には光学的な性質、中間や後面には耐熱性や耐放射線性などといった、それぞれの機能を満足させるための材料が選ばれているからです。

ところで、循環型社会ではリサイクルしてきた材料から純粋な元素を取り出さずに再利用します。特にガラスのように資源の枯渇の不安がないものについては、元素まで戻すくらいなら天然原料を使えばよいので、リサイクルの過程では「途中で引き返す」ことになります。その結果、リサイクルがたび重なると、ブラウン管の鉛が他のガラスに混入するといった事態も生まれてきます。これが循環型社会におけるガラスの劣化要因の一つとなります。

ガラスビンの回収で具体的な例をみてみます。

回収されたガラスビンはトラックでガラスのリサイクル工場へ運ばれます。リサイクル工場では色分けした後、洗浄し、サイズごとに分けます。続いて紙、プラスチック、木片を取り除き、鉄でできているキャップや釘などを磁石で除去します。こうして大ざっぱに異物を除いた後に粉砕し、磁石でとれない金属（たとえばアルミニウム）を金属探知器で探して取り去るなど、繰り返し異物の除去を行います。

とにかくリサイクルで回ってくるものにはいろいろなものが混在しているので、異物をいかに取り除くかはとても大きな問題です。日本ではパートなどの低賃金の労働力が当てにされていますし、ヨーロッパでは社会的に圧迫された民族の人たちが主として携わっています。たとえばガラスビンのラベルをはがすのは一仕事で、人手が多くかかるやっかいな工程なのです。

明るい未来社会をめざすべき循環型社会の議論に、「課徴金」「毒物混入」「低賃金で臭く、危ない労働条件」というような統制的で暗い話題が多いのはなぜでしょうか。これは循環型社会の構築に際して、私たちが深刻に考えなければならないことでしょう。

ともあれ、こうしてリサイクルガラスは作られるのですが、さまざまな組成のガラスが元になっているので、どうしてもリサイクルガラスの組成も一定になりません。それで、飲料ビンや工業製品に使うのは難しく、新しいガラスの原料を付け加えてガラスウールなどに使われます。

このガラスビンのリサイクルの例は、もともとは劣化するはずがないものでも、「材料」として再利用しようとすると、ある制限された組成のものしか得られないこと、循環型社会では社会全体で材料というものを考えなければならないことを教えてくれます。これまでのワンウェイ社会の工学では考えられてこなかったことです。

【金属】

金属は、先に述べたようにエネルギー的に不安定な還元状態で使用されますので、すぐ酸化して錆になります。金属の錆はプラスチックの鎖の切断や酸化劣化に似た本質的な劣化です。

錆は金属の表面から始まって徐々に内部に及びます。なぜ表面から錆び始めるかというと、もちろん空気中に酸素があり材料表面の金属元素と接するからですが、それに加えて材料表面は内部と少し様子が違うことにも原因があります。金属の元素は自由電子や他の元素によって囲まれていますが、表面の元素だけは片面に元素も自由電子もありません。つまり空気に接している元素は中にある元素より不安定なのです。

かくして表面に酸化膜ができますが、それが孔だらけの場合はその孔を通じて酸素が内部に入り込むので、腐食は内部に進むことになります。その代表的なものが鉄の錆で、錆の中を空気が行き来できるので、錆は内部に侵入するのです。これに対してチタンやアルミニウムは「錆びにくい」といわれていますが、錆びにくいのではなく、表面の錆、つまり酸化層が緻密で、内部に空気が入っていかないのです。

また、金属にも循環型社会に特有の劣化があります。たとえば、すでに述べたように、スクラップで回収される鉄には銅が入ってきます。天然の鉄には銅は含まれませんが、人間社会から回収される鉄は銅を含みます。困ったことに、銅を含む鉄から銅を除くことはできないので、ある程度銅が入った鉄はもう使えなくなります。

銅と鉄のこの現象は、これからの循環型社会で大問題となる可能性があります。ワンウェイ社会では「金属は本質的に劣化しない材料なので、リサイクルに向いている」のに、循環型社会では「リサイクルに向かなくなる」という皮肉な結果も予想されるわけです。

集団としての劣化

材料は元素でできていますが、材料が材料としての性能を発揮するのは、膨大な数の元素が集まって一つの塊になっているときです。たとえば鉄でもケイ素でも一つの原子では材料としては役に立ちませんが、原子が集合してある程度の大きさになると材料の性質を発揮し、人間に有用なものになります。その点で材料は「集団」であり、したがってリサイクルでは「元素の劣化」と並んで「集団の劣化」を考えなければなりません。

【ガラスやコンクリート】

ガラスやコンクリートなどの無機材料の本来の強度はとても大きいのですが、何らかの原因でガラスの一部に目に見えないほどの傷が入ることがあります。窓ガラスでは、風に飛ばされた小石が当たったり、何かの弾みで鉄枠とガラスとの間に力がかかったりして、小さな亀裂がガラスの側面に入ることもあります。このような目に見えない亀裂が入ると、全体にかかる力の数倍、数十倍という力が材料の一部にかかります。

このような現象を「応力集中」といいます。言葉は耳慣れないと思いますが、簡単に本質を理解できます。

私たちは日常生活の中で、紙を裂くときには端に小さな傷をつけてそこから破きます。弁当に付いている醬油や油を入れた小さな袋にも切り口がついています。つまり、紙やプラスチックのように弱いものでも、端に傷がついていなければ破るのにかなりの力が必要ですが、端に少し傷が入っているだけで、いとも簡単に破ることができるのです。

この現象は材料に外からかけた力が、切り欠きの部分だけに集中することを示しています。

これが特定の場所に「応力」が「集中」する、つまり「応力集中」という現象です。応力は亀裂が鋭ければ鋭いほど集中し、亀裂が長ければ長いほど大きくなります。実際のガラスの場合、どんなに注意をして製造しても、その強度は理論的なガラスの強度の百分の一から千分の一だといわれています。

循環型社会における応力集中ということを考えてみます。

リサイクルされたガラスやコンクリートの破片には、使ったことによって目では見えない亀裂が入っています。その亀裂は使用した履歴によって異なるので、推定するのは困難です。したがって、安易に再利用するわけにはいきません。なぜなら、昔のように工業製品がそれほど多くなく、せいぜい平屋か二階建ての家の窓にガラスを使っていた頃とは違い、高層ビルなどでガラスやコンクリートが壊れたら、大惨事を招く可能性があるからです。昔のことを引き合いに出すときには、基本的な生活様式が大きく違っていることを常に意識しないと、予想外の失敗をする可能性があります。

リターナブルのガラスビンも応力集中による劣化を受けます。

ガラスのビンを回収するときに、ビールビンを運ぶとき使うような「区切りのついた箱」に入れて運搬すれば、ビン同士がぶつからず傷はつきませんが、リサイクルのときにまとめて輸送されるビンは、互いにぶつかり合って表面に傷がつきます。この表面の傷は発見しにくいので、思わぬところでビンが破損する原因となります。

それでもビールビンや一升瓶のようにメーカーが寡占状態で、しかも大量に使用する特別なものは、リターナブル・ビンとして循環することも可能です。事実、ビールビンは年間六十億本のうち、五十五億本を回収して九〇パーセント以上の回収率を示しています。一升瓶は十億本でこれも八〇〜九〇パーセントの回収率です。もっとも、ビールビンの回収率が高い原因としては、一般家庭で飲むビールがアルミ缶などに変わり、ビンは主として飲食店やホテルなどで使用されているという社会的な変化も考えなければならないでしょう。

ガラス製品の循環における問題点としては、表面の亀裂による応力集中、組成が複雑であることによる制限の他に、社会の物質の循環量が増える原因を作っているという点があります。たとえば、ビンを洗浄するのに水を大量に使うことや、液体の入ったビンは重いので、運搬などの際の環境負荷が大きい（手では運べず車を使うしかないとか）ことなどです。

また、食器や飾りものに使われる陶器などは原料が安価で豊富なこと、製造に大きなエネルギーを使わないことから、昔からリサイクルはされていませんし、現代の社会でも循環には適していないように思われます。また、そのほか、紙や印刷に使われる酸化チタンなどの粉末、電気製品のコンデンサー、表示板に使われる電子部品なども無機材料ですが、いずれも単品では回収が難しいものでしょう。

【金属】

焼き入れしたり、アブリ返し（焼き戻し）をして、刃物に粘りを与えたりするのはよく知られています。金属は比較的熱に強い材料ですが、それでも温度によって組織が変わり、それに伴って性質が変化します。焼き入れやアブリ返しはその応用です。この「変態」といわれる現象は鋼《はがね》だけではなく、多くの金属にみられます。

ところで、「適材適所」の原則から、金属のように高い温度に対して強い材料は、高温の環境下でしばしば使用されます。熱に弱いプラスチックを「燃えている火」の中で使うことはありませんが、金属は燃焼炉に使われたりするわけです。

したがって「普通の温度」では性質に変化がない金属でも、高温に晒された結果として変化してしまうことがあります。

余談になりますが、青銅に用いられるスズはなかなか面白い特徴をもっています。

スズは「白い肌」をした金属なので「白スズ」と呼ばれ、たとえばマレーシアに行くと、こうしたスズの見事な細工の置物が売られています。この白スズには普通、ビスマス、アンチモン、鉛などが微量入っていて、白スズを安定させています。

一方、純粋なスズの金属は十三・四℃以下で灰スズという別のスズに変化します。この灰スズは白スズと違って脆く、粉になる性質をもっています。この性質を知らずに使うと、あるときに白スズの表面に灰色のコロニーが現れ、どんどん全体に広がって、スズの置物がすっかり粉になるというようなことが起こります。この症状には「スズペスト」という名前がついていますが、これも金属材料が使われているうちに変化するという一例です。

スズペストについては、帝政ロシア時代の事件が有名です。当時のロシアでは軍服のボタンを白スズで作っていたのですが、その軍服をペテルスブルグの軍用倉庫に積んでおいたら、数日後、白く輝いていたボタンが無惨にもすっかり「灰色の粉」に変わっていたのです。ペテルスブルグは寒いところなので、室内でも簡単に十三℃以下になり、スズペストに感染してしまったわけです。

金属を使っていてこれほど酷い被害が出ることはめったにありませんが、リサイクルに有利な金属であっても、こうして使用中にさまざまに変化することがあるのです。

長い時間の劣化

【金属】

金属の劣化は錆、スズペストのような変態、そして「疲労」の三つです。「疲労」といっても金属は生きている材料ではありませんので、生物が老廃物が蓄積して疲労を感じるというものとは違います。使っている間に徐々に金属組織が変化し、全体が劣化することをいいます。

特に、材料力学の分野ではこの疲労現象はとても重要です。たとえば金属同士を接合する「ハンダ」のような材料を考えてみます。

電気製品などの機械は使用中に温度の変化を受けます。たとえば、寒い夜間には〇℃になることもあるし、夏の暑い昼間は三十℃を超えます。また、電源を入れていないときは温度が低く、電源を入れると百℃以上になります。そんな環境の中で、金属は温度変化で伸び縮みします。そうすると、異なった金属の間を薄い膜のような状態で接合しているハンダは、強い力を受けることになります。金属の種類が違うと熱線膨張率も違うので、その熱線膨張率の差が接合したハンダにしわ寄せされるわけです。

仮に強い力がかかっても、一度だけであればなんとか組織が破壊されずにすみますが、毎日、毎回繰り返して強い力が働くと、少しずつ金属材料を構成している元素が移動し、それが徐々に全体に及ぶようになります。つまり長い間にわたって繰り返し力を受けていると、最初とは全く異なる組織をもつ金属となってしまうのです。

金属は最も利用目的にふさわしい組織のものを選んで使用されるのですが、組織が変われば強度も変化し、最終的には破壊してしまうこともあります。その破壊強度は最初に金属を作ったときの強度と全く無関係だから恐ろしいのです。

橋やビル、列車の車体などを作るときは、突然崩れ落ちないように強度を十分に計算して材料の厚みや形を設計しますが、その際、ある強度で壊れるとして、その強度の三倍の力がかかっても大丈夫のように設計するのが普通です。この三倍というのを「安全係数」と呼びます。破壊にいたる力の三倍の余裕をもって作るのだから壊れないだろう、という考え方です。

しかし、疲労が起こるとそうはいきません。疲労とは、使用中に徐々に組織が変化した結果、極端にいえば「別の金属材料」になることだといってもよいのです。そうなると、最初の強度は何の参考にもならず、安全係数が三でも五でも関係なく、突然壊れて大事故を起こしたりします。事実、過去の多くの航空機事故は、機体に使われた金属材料の疲労が原因になったと考えられています。

また、金属は小さな結晶の粒が集合してできているので、外部から強い力を繰り返し受けたり、熱がかかったりすると、組織が徐々に変化し構造が「粗大化」することがあります。粗大化は多くの場合、その金属を劣化させて、やがて故障や事故の原因となります。

こうした疲労や粗大化は、「使い終わった材料をもったいないのでもう一度使う」ということがそれほど単純ではないことを、よく示していると思います。

このほか金属の典型的な疲労には、長期間、繰り返して力がかかると、表面に小さな亀裂ができるとともに組織が動き、それが縞模様として見える現象があります。この「ストライエーション」といわれる縞模様は海岸の波打ち際のようにきれいで規則的ですが、材料を痛めていることは間違いなく、これから「亀裂」が発展し、突然の破壊に至ることも知られています。

橋やビル、エレベーターなど、重要なところに使用されている材料のほとんどが金属であるのは、信頼性が飛び抜けて高いことによるからで、材料の王様といわれるゆえんです。それだけに、万が一にも破壊することは許されないのです。エレベーターに使われている金属製のピンが突然破壊して、墜落してしまってはたまりません。いくらリサイクルや循環型社会の構築が重要だからといって、疲労した材料を使ってエレベーターや飛行機を作ることのないよう細心の注意を払う必要があることを指摘したいと思います。

また、疲労と似たようなものですが、金属材料の組織が徐々に変化していく「クリープ」という現象も知られています。これも長期間にわたって力がかかっていると材料中の分子が動いて弱くなっていく現象で、徐々に徐々に劣化するので研究が難しいという面もあり、余計に危険な気もします。

何しろ、クリープの研究は数年後にどうなるかという研究です。一つの研究を終了するのに数年かかるので研究者はやりたがりません。特に、最近のように研究者の業績が論文数で決まるような時代になると、数日の実験で多くのデータが出る組織研究や、コンピューター・シミュレーションなどがもてはやされ、数年かかってやっと一つの論文が書けるような研究に携わる良心的な学者が少なくなりました。そんな研究環境の中で循環型社会が実現し、疲労した材料が提供され、思わぬ事故につながることも考えられます。

【プラスチック】

プラスチックにも金属と同様に亀裂、ストライエーション、クリープなどの変化が生じます。これらの変化がリサイクル材料に致命的な影響を与えるのは金属の場合と同じです。

たとえば、自動車が衝突したときに衝撃から身を守るために開発された「膨れる袋」を例に取ってみましょう。

自動車はどんなに安全に運転しても、また車体を頑丈に作っても、思わぬ事故にあうことがあります。それはほとんど突然であり、確率的であるといってもよいでしょう。

その点からみると、衝突したときに乗っている人の前方から風船が飛び出してきて命を守るという着想は、とても優れているように思います。技術に多少の問題点があっても、自動車の安全性を高める試みとしては一つの進歩でしょう。

ところで、自動車には運転席の前面に計器やエアコン、ラジオなどを取り付ける「インストルメント・パネル」というものがあります。昔は部分ごと別々に製作していましたが、最近では運転席と助手席の前のパネルはほとんど一体化し、全体で一度に成型できるようになりました。ギアチェンジのボックスまで一体となったものが現在では主流で、大型の車では相当大きなものになります。

このパネルの裏に衝突の際に膨らむ袋をしこんで、その前に「飛び出し口」を作り、いざというときにはその窓が開いて袋が飛び出す仕掛けを作ろうとします。もちろん、衝突しなければこの装置は不要なので、この窓を常に開けておくわけにはいきません。そこで窓はプラスチックの材料でふさぐようにします。いざ衝突というときに、その窓にはめ込んであるプラスチックがはずれて袋が飛び出すという工夫です。

しかしここに、「材料は使用によって劣化する」という原則が立ちはだかります。プラスチックはバネのような性質の「弾性」と、水飴のような性質の「粘性」をあわせもっています。「弾性」は外から力が加えられると変形し、やがて力が抜けると元の状態まで回復する性質です。それに対して「粘性」は外から力が加えられるとある程度は抵抗しますが、徐々にそれになじんで形を変える性質です。

高分子がなぜ粘性という性質をもてるのかといえば、ゆっくりゆっくりと絡み合いが解け、高分子の鎖が別の場所に移動し、またそこで絡み合うということができるからです。粘性を発揮すると、全体としての強度や性質はさほど変わりませんが、材料自体は変形してしまいます。

自動車はいつ衝突するかわかりません。新車を買ったその日かも、廃車の前日かもしれません。三年後なのか二十年後なのかもわからないのです。ということは、インストルメント・パネルにはめ込まれた「窓」の材料には、新車から廃車までのすべての期間、同じ性能を保持していることが要求されることになります。十年目に衝突したら窓の材料が変形しガッチリとパネルに嚙みこんでいて、袋が飛び出してこなかった、などということは許されないわけです。しかし、ここまで述べてきたように、材料はどうしても時間とともに変化してしまうので、その要求に完全には応えることはできないのです。

材料の専門家でない人は「材料が変化する」ということ自体、なかなかわかりにくいらしく、単純に「材料は永遠に繰り返し使える」と思っている人も多いようです。しかし、以上の説明から、それはむしろまれな場合であることがわかると思います。

5・2 ゴミはきれいに燃やせるか

リサイクル、循環型社会を考える上で廃棄物の焼却は無視できない課題です。昔は基本的にゴミは焼却することで毒物の蓄積を防いできましたが、最近ではダイオキシンや二酸化炭素との関係でむしろ「焼却するのは環境に良くない」という正反対の論調になってきています。

本当に焼却は環境に良くないのでしょうか？

この問いに答えるためにこの節では、紙、生ゴミ、プラスチックなどの有機材料の燃焼について整理し、加えてダイオキシンに触れます。

「燃える」とはどういうことか

木材やプラスチックは一般的には「燃えるもの」と分類されています。もちろん、私たちは経験的に木造の家屋が火災を起こしやすいことを知っていますし、テレビニュースなどでタイヤの山が大量の煙を上げて燃える光景も目にします。

しかし、プラスチックも燃えるのは当然だと思っている人がいますが、プラスチックそのものは容易に燃えるものではありません。それは燃料に使用する灯油でもそうなのです。もし、灯油自体がよく燃焼するのなら、寒い晩には灯油を皿の中にでも入れてマッチで火をつければすむように思えます。しかし、そんなことをすればもうもうと煙が上がり、臭くて仕方がありません。そこで、特別な工夫が施されている「石油ストーブ」を購入することになるのです。

それは「灯油自身は燃えない」からで、燃えるのは「灯油が蒸発したガス」に限られるからです。

灯油は燃えず、灯油がガスになったものが燃えるということになると、灯油をガスにする方法が必要になります。その一つの方法が、細いガラス芯に灯油を染み込ませ、毛細管現象を利用してガラス芯の表面に薄く灯油の膜を作り、そこに火をつけるというものです。これが石油ストーブの原理です。もう一つが、熱い鉄板の上に直接灯油を垂らし、蒸発させるというもので、これが石油ファンヒーターです。

液体の灯油ですら燃やすのに工夫がいるくらいだから、固体のプラスチックを燃やすのはさらに大変です。その工夫を理解するために、すこし回りくどいようですが、プラスチックが燃える状態を説明します。

燃え始めには空気中からプラスチック表面に酸素が十分に供給されますが、燃焼反応は激しく速いので、やがて酸素が不足しがちになります。その結果、燃えている場所、つまり「酸化反応場」は徐々にプラスチック表面から離れて、表面からおおよそ十ミリ程度のところに形成されるようになります。

酸化反応場ではプラスチックから噴き出してくる燃料ガスと酸素が激しく反応して、主に二酸化炭素と水ができます。プラスチックに塩素や臭素を含むハロゲン化合物が入っていると、ダイオキシン類ができることもあります。そのほか、猛毒の一酸化炭素やアルデヒドなどが発生することもあります。火事の際、焼死するより先に有毒ガスで身動きがとれなくなることがありますが、それはこうした有毒物が発生したときです。

酸化反応場で燃焼が起こり始めると、空気の熱容量が小さく燃焼反応の発熱が大きいので、温度が上がります。千五百℃以上に上昇することもありますが、普通の状態では空気の対流、熱の輻射、ガス状物質の拡散などが影響して、おおむね千〜千二百℃程度に落ちつきます。

この熱は輻射などにより材料表面を加熱します。この段階では表面はススや炭化物、泡や分解生成物で覆われていますが、熱はそうした表面を通過して材料内部に達します。

材料内部が加熱され分解温度に達すると、分解が始まります。ちなみに、プラスチックの熱分解温度は種類によって異なりますが、おおよそ五百℃です。

材料内部で分解し発生したガスは、拡散して材料表面に達し、ついで材料表面から空気中に拡散して「酸化反応場」に到達するのです。

この燃焼プロセスを簡単にまとめると、①酸化反応場での燃焼反応、②輻射などによる伝熱と材料表面の加熱、③材料内部への伝熱、④材料中の分解反応場での揮発分の生成、⑤揮発性燃料ガスの材料中への拡散、そして最後に⑥分解生成物の気相中への拡散、ということになり、反応が「直列」に続いていることがわかります。

ダイオキシンについては、燃え始めに出るとか、焼却炉の運転を止めるときに出るとか、八百℃以上に加熱すれば出ないとか、いろいろな言われ方がされていますが、このような個別の事実を覚えるよりも、図10に示した燃焼のメカニズムを理解したほうが、ダイオキシン問題に対する正確な理解が得られるように思います。

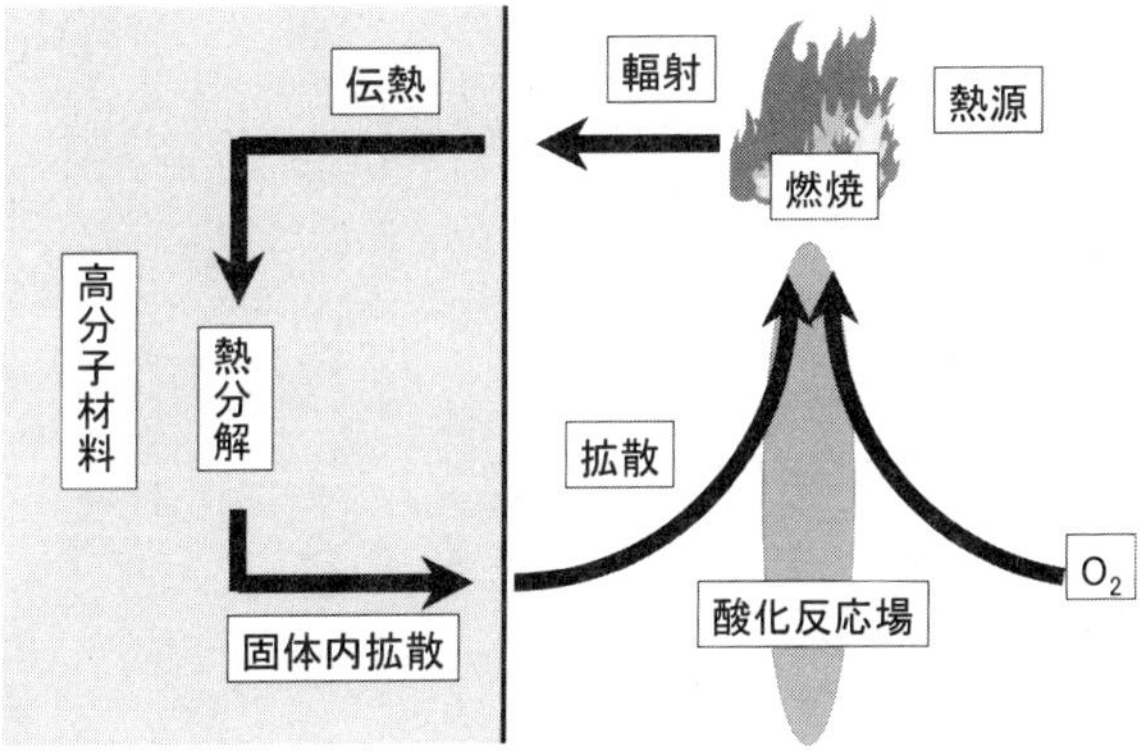

図 10　燃焼の定常状態の六つの過程

繰り返しになりますが、プラスチックが燃えるということは「プラスチック自身が燃える」ということではなく、「分解して出てくるガスが燃える」ということです。燃焼の初期はまだ分解していないプラスチックのほうが多いので、いくら酸化反応場で激しい燃焼が起こっていても、全体としてはその未分解の冷えたプラスチックの影響で温度は高くならず、プラスチックの分解温度程度である五百℃あたりにとどまります。具合の悪いことに、この温度はダイオキシンが発生する化学反応温度に近いのです。つまり、焼却炉の燃やし始めや停止時、あるいは個人でたき火をしたときなどは、燃えているものに比べ未分解の冷えた燃料のほうが多く、そのために燃料全体がプラスチックの分解温度に近いところまで冷えているので、ダイオキシン類の発生の危険性が高まるというわけなのです。

ダイオキシンはどうやって発生するか

すでにダイオキシンについては多くの著書が出ていますが、ここでは本質的なところだけまとめることにします。

ダイオキシンはベンゼン環とハロゲンを含む化合物です。普通、二つのベンゼン環の間が二個の酸素で結合されているので、これを二つのオキシム、つまり「ダイ（二つ）オキシン（オキシム）」と呼びます。

ダイオキシンが社会的な問題として騒がれたのは、「地上最大の毒物」といわれたことによります。初期に行われた毒性試験では、ダイオキシンはふぐ毒として有名なテトロドトキシンよりも強いとされました。それが事実とすると、人工的に合成される猛毒物質として有名なパラチオン、マスタードガス、青酸カリよりも千倍から万倍、毒性が強いことになり、これは大変だとなったわけです。

また、やっかいなのは、ダイオキシンというのは七十八種類の化合物の総称なので、それらすべてを測定し、しかも個々の毒性係数を用いて換算しなければ、本当の危険性がわからないという点です。

事態をさらに複雑にしているのは、ダイオキシンの毒性そのものです。青酸カリにみられる「呼吸の停止」などの単純な毒性ではなく、生体内のアクセプターとの関係で発現する毒性ですので、生物の種によって表れ方が大きく異なるからです。

次に、ダイオキシンの発生のメカニズムを整理してみます。

ダイオキシンはハロゲンを含むプラスチックなどを焼却するときに発生する場合が多いのですが、それ以外にも紙、木材など太古の昔からある材料を燃やしたり、食塩を含むものを燃やしたりしたときにも発生します。

つまり、ダイオキシンの発生反応は特別な反応ではないということです。ゴミを燃やせばダイオキシンが出ると思っていてもいいくらいです。

少し詳しくダイオキシンの生成経路を述べますと、ベンゼン環に酸素または塩素が結合し、それが三百℃程度で反応して重合し、ベンゼン環二つからなる化合物、ダイオキシンに変化するわけです。

ということは、塩素や臭素といったハロゲンの量とダイオキシンの発生量とは関係があり、ハロゲン化合物が多いほどダイオキシンも多く出ることになります。たとえば、クロロベンゼンというハロゲンを含む化合物をモデル物質とした有機ハロゲン化合物の燃焼試験を行うと、クロロベンゼンが増えるとダイオキシンの発生濃度は高くなります。

また、ダイオキシンの発生温度は普通のプラスチックの分解温度より少し低いので、プラスチックや紙、木材が不完全燃焼したときには温度が下がり、ダイオキシンの発生が増加することも理解できます。

塩素がゴミの中にあると、ゴミの中の銅や鉄などの金属元素が触媒となって、プラスチックや紙の塩素化が進みます。特にイオン性の塩素はゴミの中の銅と反応して、まず塩化銅になり、それが燃焼中に酸素と反応して塩素を離脱し（酸化銅は塩酸と反応して塩化銅に変化し、というように反応は継続します）、この遊離塩素がプラスチックなどと反応してダイオキシン類を生成します。

また、不完全燃焼すると猛毒の一酸化炭素が出ますが、そのような状態ではダイオキシンも出やすいといえます。ダイオキシンは有機ハロゲン化合物なので親油性があり、普通の意味では水に溶けませんが、極めて少量は水に溶けるので、それが徐々に生物に蓄積することもあります。

ダイオキシン類は熱によって分解されます。ダイオキシンの基本的な構造である「ビフェニル」は七百℃程度で分解しますが、ハロゲンが含まれているので分解温度は少し高くなり、二～四個のハロゲンを含んでいるものは七百二十℃程度、それより多くのハロゲンを含む化合物は七百～八百℃で分解します。

以上が基礎的な知見ですが、実際のゴミの中のプラスチックの量とダイオキシンの量との関係は、実はあまりはっきりしていません。それでも、焼却炉の運転が不完全燃焼に傾いたときにはダイオキシンの発生が増大することはよく知られるようになりましたし、焼却炉の灰の中にはダイオキシン類が多く含まれているので、灰を捨てるときにはもう一度ダイオキシンを除去することにも注意が払われるようになりました。

なお、焼却炉を運転し始めるときにダイオキシンがかなり発生する理由は、すでに述べた運転の初期には炉の温度が上がらないことのほかにも、ガスが部分的に焼却炉の中の冷えた場所を通過してくるということにもあります。また、焼却炉でダイオキシンが生成するのはある程度防げないと考えて、焼却炉に付属設備をつけ、ダイオキシンが焼却炉の外に出ないようにする工夫もされています。

焼却とダイオキシンは無関係

社会がやみくもに一定の方向に進み始めると、そこに誤解が生じ、さらに誤解に基づく被害を生み出しますが、ときにはそれが相当なレベルに達します。焼却とダイオキシンの問題にも、ほとんど同様のゆがんだ状態がみられます。

塩素や臭素などのハロゲンを含んだ化合物を焼却すると「ダイオキシンが出る」というのも真実なら、「出るとは限らない」というのも真実ですし、「出ない」というのも真実です。

この矛盾することがいずれも真実なので、説明が難しく、混乱が生じています。

ハロゲン化合物を焼却するとダイオキシンが出るのは本当です。化学反応ですから、化合物の種類によって生成が少ないときと多いときとはありますが、出やすい条件にして焼却すればかなりのダイオキシンが発生します。

ハロゲン化合物を焼却してもダイオキシンが出るとは限らない、というのも本当です。焼却条件を適切に選択すれば、ハロゲンを含んでいても全くダイオキシンは出ません。したがって、たとえばポリ塩化ビニル（塩ビ）を焼却するとダイオキシンが出るといわれていますが、「塩ビを焼却してもダイオキシンは出ない」という表現は正しいといえます。

焼却とダイオキシンは関係ない、というのも真実です。先に説明したように、焼却というのは有機物と酸素の化学反応です。化学反応の多くがそうであるように、反応に副産物や毒性物質の発生が伴うのは珍しくありません。それを抑制し、安定して反応できる条件を選択するのは、化学工業では常識的なことです。したがって、ハロゲンを含むゴミを焼却するときにダイオキシンが出ない条件を選択すればよいだけなので、「焼却すればダイオキシンが出る」ということはありません。

「ダイオキシンが出やすい条件で燃やせばダイオキシンが出る」というのは、ある意味で当然のこととこともいえます。多少、失礼な言い方ですが、焼却の理論を知らない人が燃やしたらダイオキシンは出るのです。問題はこのような反応の関係を「だからプラスチックを焼却するとダイオキシンが出るのだ」と、一面だけ切り出して、それが全体であるかのように表現することです。

人間は昔からゴミを「成り行き」で燃やしていました。ここでいう「成り行き」とはゴミや薪などの燃料を積み重ねたり焼却炉に入れたりして、火をつけて燃やすことです。ある程度、燃えやすいゴミなら火をつければ盛んに燃えますが、温度はそれほど上がりません。繰り返しの説明になりますが、理由は「燃やすものの量が多く、冷えていて」しかも「火の勢いが小さい」からです。焼却温度は高分子の分解温度に支配されていて、それから大きくは離れず、せいぜい四百〜五百℃程度にしかなりません。この温度が不幸にしてダイオキシンの発生温度に近かったので「焼却でダイオキシンが発生する」という誤解が生まれたのです。

本当の意味の「焼却」とは、燃料が熱せられていて、火勢の激しいところに燃料（この場合はゴミ）が投じられる状態です。燃料の温度が適切にコントロールされていれば、焼却時の温度は高く、ダイオキシン発生の温度領域を避けることは容易にできます。たとえば、廃棄物をまとめて純酸素の中で約二千℃で焼却する方法では、全くダイオキシンが出ないと報告されていますが、それは当然のことであり、同時にきわめて優れた方法です。

もともと自然界にも人間社会にも、注意せずに取り扱えば人間を死に至らしめる化合物はいくらでもあります。「自然だから」とか「人工だから」というようなレッテルを貼らないのも、事態をこじらせない上で大切なことで、こじれて損をするのは私たち自身です。

ところで、ダイオキシンは正式な機関で毒物とされています。動物実験でも猛毒という結果が出ています。それでもダイオキシンが毒物かどうか不明です。現在の事実は次のようになっています。

「ダイオキシンは動物に強い毒性を示す。動物によってはその毒性はこれまでにないほどに強い」。「すでにダイオキシンを大量に浴びた人たちがいるのに、それで死んだ人はよくわからないほど少ない」。「詳細に研究されたのに、未だに毒性がはっきりしない」。

著者は数年前、ダイオキシンに興味をもって、日本中の文献に当たりました。すでにイタリアのセベソでの事故や、ベトナム戦争で枯れ葉剤に使用した事例などがあったので、きっと毒性のデータがあると思ったのです。驚いたことに、「危ない」とは書かれていますが、具体的なデータは示されていませんでした。そこでヨーロッパの文献を調べたら、そこにも猛毒であることを示す明確なデータは見あたらないのです。ダイオキシンは親油性なので皮下脂肪への沈着や多少の障害は認められましたが、「この世で一番毒性が強い化合物」などという感じはとてもないのです。

そうこうしているうちに、最近「ダイオキシンには強い毒性がない」という研究も少し発表され始めました。本当はもう少し前からそのような研究はなされていたのでしょうが、世論の袋叩きにあいそうで、あまり公開されなかったのではないかと思います。まじめな研究を袋叩きにするのは、あまり感心したことではありません。環境問題は私たち日本に住む者全員の真剣な問題です。あまりに感情的になり、自分の先入観に合致するというだけで一部の人やデータを信用し、議論を避けていると、やがてそのつけは私たち自身に跳ね返り、私たちが損害を被ることになりかねません。

プラスチックは燃やしていいか

プラスチックの焼却の問題は普通の人に理解しにくいためか、多くの議論が錯綜しています。そこで、プラスチックを焼却すべきかどうか、という問題で主張されている主たる意見を整理してみました。

まず、「焼却するとダイオキシンが出る」という意見は、ここまで述べてきたように誤りです。

次に、「プラスチックを燃やすと発熱量が大きいので、炉を傷める」という意見があります。これも一般的には間違いです。プラスチックを燃やせない焼却炉で燃やせば炉を傷める、というのが正確な表現です。特定の自治体で短期間のことだけに限って議論するときには部分的に正しいこともありますが、循環型社会の構築などの議論の参考にはできません。

この意見を都市ゴミのデータ（東京都、一九九〇年代）を参考にして整理してみます。都市から出るゴミの構成は、紙、厨芥《ちゅうかい》、繊維類、草木が七〇パーセント以上、プラスチックが一二パーセント、不燃性の金属が五パーセント、ガラス陶器などが七パーセントです。都市ゴミには台所からの可燃性ゴミと紙類が多く、それにプラスチックが一〜二割混じっている状態だといえます。それを発熱量でまとめると、表3のようになります。

これを見ると、都市ゴミの発熱量は焼却にとても都合のよい割合になっています。キログラム当たり二千から五千キロカロリー程度のゴミが燃やしやすく、それからあまり発熱量が下がっても、逆に高くなっても、焼却には具合が悪いのです。分別が徹底すると、プラスチックのない二千キロカロリーの低い発熱量のゴミと、七千キロカロリーの高発熱量のゴミとに分かれ、焼却するほうはとても困ることになります。化学反応炉と比べれば焼却炉は簡単な構造をしていますが、それでも熱バランスや燃焼速度が適切になるように設計されていて、そこに投入される燃料が何でもよいというほどには融通性がありません。

次に、ゴミを製鉄用の高炉で還元剤として使えば焼却しなくてもよい、という飛躍した意見がありますが、この考え方の問題点を指摘します。

まず第一に、高炉で鉄を還元するということとプラスチックを燃やすということとは、炭素や水素を酸化させるという点では同一の反応で、単に呼び方が違うだけです。酸化された状態

種　類	都市ゴミの割合	発熱量(kcal/kg)	割合を考えた発熱量
紙	37	3,160	1,390
厨芥	27	930	297
繊維など	4	3,900	198
草木	5	1,570	83
プラスチック	12	7,260	993
全体	85	—	2,961

表3　都市ゴミの焼却熱

で天然から掘り出された鉄から、人間の役に立つように酸素を取り去って（還元して）、エネルギーの高い状態にするのが高炉であり、普通はその還元剤には石炭が使われます。石炭自体は酸化されて二酸化炭素になります。仮に還元剤にプラスチックを使えば、プラスチック自体は酸化されて二酸化炭素と水になるので、燃やすのとなんら変わりません。

後に循環型社会のところで整理をしますが、「活動をしても何も損をしない」などというようなうまい話はあり得ません。この場合も、鉄の還元という仕事に何を使うのが合理的かという問題であるに過ぎません。

これに関連して、環境とコストの問題が出てきます。

長くリサイクルの研究をされてきた佐伯康治さんが、雑誌『プラスチックス』に投稿された論文で、廃棄されるプラスチックを①高炉で処理した場合と、②分解して燃料油とした場合の二つについて、①は還元剤として微粉炭を使う場合との比較、②は燃料としてA重油を使う場合との比較を試みておられます。それによると、廃プラスチックを高炉で使うとコストは二百五十円で、微粉炭はわずか五円。また、廃プラスチックを熱分解して油をとり、それを燃料として使う場合は、コストが二百六十五円程度であるのに対して、A重油では二十五円でした。

計算の結果はいずれも現在使用している天然原料（微粉炭とA重油）に比べ、廃プラスチックが極端に高くつくことを示しています。このような数字をあげると「環境は経済ではない」と言う人がいますが、コストがかかるというのは、廃プラスチックの処理に石油を大量に使用したり、トラックで運んでゴムや鉄板を多く使用したりすること、つまり環境への影響が大きいということを意味しています。工業生産の場合、経費を極限まで切り詰めるので、製造に際しては合理性のあるものしか使いません。かなり大きなメーカーの工場に行っても、工場自体は最低限必要なものだけに絞って設備投資されていて、会議室なども質素なものです。日本の製造業は決して贅沢ではないのです。

さて、佐伯さんの計算によれば、リサイクルしたプラスチックを溶鉱炉に投入し鉄の還元に使うと、天然原料の石炭と比べ約五十倍のコストがかかります。いずれも酸化という点では同じ反応なので、平常心で考えれば「リサイクルをして回収されたプラスチックを溶鉱炉の還元材として使用するのは、環境にも明らかに不適切である」という結論に達するはずです。

しかし、社会は現実感を失っています。「そのまま燃やすより、少しでも利用できれば利用したほうがよい」という話が、いつの間にか「石炭を使うくらいなら、多少高くついても捨てるプラスチックを使うべきだ」に変化し、さらには「廃棄物貯蔵所が満杯になるのだから、ゴミをなくす方法なら何をやってもよい」という考えに変わっていくのです。このように循環型社会の問題点の系統的な整理が難しいのは、さまざまな主張に一見納得できそうな「部分的正当性」があるからですが、最終的にはそれらの主張は、環境をいよいよ汚すことになる結論を出してしまうのです。

どのようなリサイクル方法を選択すべきかという問題は、極めて専門的なものなので、専門家がその職業倫理のもとで誠実に計算し、全体を俯瞰しながら正確に判断し、データを提供する必要があるでしょう。

なお、「廃プラスチックを高炉に使う」ことが「リサイクル」の一種として報道されていますが、先にも述べたように、この方法はリサイクルでも何でもなく、単に「今まで捨てていたものを焼いた」ということに過ぎず、本当は「循環」とは無関係です。

石油はすべてプラスチックに

地上におけるエネルギーは、地表の温度を含め、太陽の光として到達する以外のものはほとんどありません。多少の地熱などが利用できますが、太陽がなくなったらたちまち死の星になるという意味では、地球は太陽エネルギーで活動が営まれている星といってよいでしょう。

しかし、太陽エネルギーはエネルギー密度という点では非常に小さいものですし、大気を暖めたり、海流を起こしたりすることにも使われるので、生物がそのすべてを利用できるわけではありません。そんな中、クロロフィルを利用して光合成を行う植物のエネルギー変換システムは、極めて精緻で、かつ効率の高いものです。石炭は、そうした植物が数億年前の太陽のエネルギーを光合成によってセルロースに変え、蓄積したものです。

一方石油は、植物の体に蓄積した太陽エネルギーが食物連鎖で動物に移動し、やがて死骸という形で蓄えられていったものです。動物には植物のような太陽エネルギーの転換システムはないので、植物から栄養をもらい従属的に生きているに過ぎませんが、それでもいったん動物の体の中に蓄積されたタンパク質や脂肪は、エネルギーが高く、これが蓄積して腐敗し、油になることによって、優れたエネルギー源として利用できる原油が生まれたというわけです。

原油は太古の生物の名残なので、イオウ、窒素、バナジウムなどの人類にとって有毒な元素を含んでいます。これらの元素は生物の体の中で酸化還元剤やその他の目的で使われていたものです。

エネルギー的には、石油や石炭を燃焼させるということは、数億年前に植物が太陽の光を浴びて二酸化炭素と水からセルロースを作ったのと全く逆の反応をすることで、その意味では石油や石炭を使用するのは「生物の中に閉じ込められていた太古の太陽の光を解放すること」ということもできます。焼却して熱エネルギーを得るほかに、燃料電池の形で、化学結合のエネルギーを直接利用することもできます。

さて、プラスチックやゴム、繊維などの高分子は、石油を精製し、そこから化学反応によって作られるわけですが、この場合は、閉じ込められたエネルギーの解放ではなく、太古の生物を少し形を変えて復元する作業といえるでしょう。

太古の生物も「高分子」でできていました。たとえばタンパク質は体を構成する主な高分子ですが、現代のエンジニアリング・プラスチックの代表的なものである「ポリアミド」は、タンパク質と同じ構造をしています。

石油もプラスチックも同じ高分子なので、石油からプラスチックを作る際も、エネルギーはほとんど変化しません。燃焼などの「エネルギーを解放する反応」に比べ、わずか三十分の一程度です。たとえば、スチレンを燃焼させるとキログラム当たり約一万キロカロリー発生するのに、同じスチレンからポリスチレンを作るのには、キログラム当たり約三十キロカロリーしか発生しません。

ポリスチレンは初めにも紹介したように、テレビのキャビネットなどに大量に使われる汎用プラスチックです。つまり、いわば太古の生物の体が少し変化してテレビのキャビネットになったに過ぎず、石油からポリスチレンになるのに、エネルギー的には「損」をしていないのです。ポリスチレン自体に十分「熱」として使用できるエネルギーがため込まれたままなのです。

そのポリスチレンを使い終わって燃焼させると、理論的には約一万キロカロリーから三十キロカロリーを引いた熱が出る計算になり、事実としてもほとんど同じ発熱が観測されます。

プラスチックは現在、材料としてのみ人間に貢献していますが、もしプラスチックを燃やしたら、材料としての用途は「行きがけの駄賃」のようなものになります。材料として使った後、もう一度、燃料として貢献してもらうことができるのです。

循環型社会を考える前に、この事情を整理します。

日本が輸入している約三億キロリットルの石油を全部プラスチックにすれば、現在の十倍以上のプラスチックができるので、それを一度、材料として使い、使い終わったら焼却してエネルギーを取り出せば一石二鳥です。

ところが現実には今の日本では、石油の多くをそのまま電力用や輸送用として燃やしています。あまりにもったいないので、これを「生焚き」といいます。その結果、プラスチックとして有効に使用しているのはわずかに五パーセント、二十分の一にしか過ぎません。

これだけで現在の日本の石油の使い方が不合理であることがわかります。一度、プラスチックにして使い、廃棄物を燃焼させれば、原油を生焚きするのとほとんど同じ熱が得られるのに、電力用には石油を「生焚き」し、一方ではプラスチックをリサイクルしようとしているのです。プラスチックを焼却させると二酸化炭素が増えるという意見がありますが、それは「不合理をそのままにして行動すれば、まともなことが不合理になる」といういい例です。

合理的なルートを考えてみます。まず、現状で、プラスチックの全量を、使用後リサイクルに回さず電力発生用の燃料として燃焼させれば、「生焚き」石油のうちその焼却プラスチックの量に相当するだけの量、つまり石油の約五パーセントが削減できるので、日本の原油の輸入量は約五パーセント減少します。また、日本全体の二酸化炭素の発生量は、理論的には現在より最大千五百万トン減少します。

もう一つ別のケースを考えてみます。五千万トンある一般ゴミの平均発熱量は、キログラム当たり約三千キロカロリーで、その中のプラスチックの発熱量は約三分の一です。一般ゴミもすべて燃料と考え、焼却して火力発電所と同様に効率的にエネルギーの回収をはかれば、それで輸入原油の一五パーセントをまかなうことができる計算になります。もちろん、ゴミの発電効率は原油を使用した火力よりも少し小さいので、実際には一〇パーセント程度しか削減効果はありませんが、それでも三千万キロリットルの原油の輸入が削減されます。

さらに、循環型社会が進展したとして、その段階でのルートを考えてみます。その際のポイントは、原油の多くをプラスチックにし、資源の枯渇が迫っている金属や、エネルギーを多消費するガラス、陶器などの無機材料をできる限り使わないことです。現在使われている材料はまだ金属が主力で、鉄鋼の生産高が一億トン、プラスチックが千五百万トン、ガラス・陶器の類も同じ程度です。そこで金属や無機材料の代わりにプラスチックを使用し、仮にそれが一億トン、鉄鋼の生産高が五千万トンになると、鉄鋼生産のためのコークスが減少して、それに伴いコークスの生産や運搬に要する石油が減少したり、社会全般の材料比重が軽くなることで構造物が軽量化し、総コンクリート使用料が減って、石灰石からセメントを作る際に使われる石油が減少したりします。つまり、産業活動全般で使われる石油が減少するので、原油の輸入量は今の半分程度になると推定されます。材料にはできるだけプラスチックを使い、リサイクルせずに焼却に回すと、原油の輸入量も二酸化炭素の発生量も減ると考えるべきです。

この結論はエネルギー的に合理性があり、成立します。つまり、石油をいったんプラスチックという材料にして利用するということは、循環型社会を築く上でのキーポイントの一つになります。

「焼却」は毒物を発生させるのではなく、毒物を分解して浄化します。また、使い終わって材料としての価値を失ったものから、最後の御奉公として電力を提供します。「プラスチックは燃やしてよいか」という問いに対しては、もちろん「できる限り燃やしてください」と答えるのが正しいのです。

6　来るべき循環型社会を考える

6・1　循環型社会の基本の姿

現在の物質の流れ

日本には石灰石や川砂などの土木建築用資源は比較的豊富にありますが、鉄鉱石、銅鉱石、原油、石炭、天然ガスなどはほとんどありません。また、ニッケル、マンガン、ウランなどの補助的資源も産出しないという、世界の先進国でもまれにみる資源の少ない工業国です。この状態でよく日本の工業が発達してきたものだとあらためて驚きますが、明治以来、資源がない分だけ教育に力を注ぎ、まじめには働いてきました。私たちの先輩の見識と努力に感謝したいと思います。

余談ですが、今や日本は教育に力を入れていません。先進国の平均的な高等教育投資はGDPに対して一・一パーセント程度ですが、日本は三分の一程度の〇・四パーセントにしか過ぎません。

ともあれ、その結果、建築業を除いて日本の産業は原材料を海外に依存し、日本国内で調達する原料はほとんど土木建築に使います。

おおよそ産業的に捉えることができる日本の物流の総量は約二十億トンです。そのうち、輸入エネルギーが四億トン弱、輸入原料が三億トン弱、国内資源が十三億トン弱で、そのうち約十二億トンが土木建築資源となります。

この資源を使って産業活動が行われ、人々の暮らしが維持されます。その過程で石油、石炭などのエネルギー資源は二酸化炭素となって空気中に飛散しますが、その量はおおよそ四億トン弱、産業廃棄物となるものがおおよそ四億五千万トンです。

このように現在の日本の物流状況をみると、これまでかなり荒っぽく資源を使い捨ててきた高度成長期やバブル経済期のシステムが、まだ日本に残っていることがよくわかります。つまり大量生産、大量消費の構造のまま、そのパラダイムを変えずに、リサイクルを行い、循環型社会に移行しようとしているわけです。

大量生産、大量消費を前提とすると、生産にはエネルギーが必要なので、どんなに努力しても、原理的にある程度の廃棄物の発生は避けられません。こうして、「不景気にしないために、この物流の基本構造は変化させない」という前提で進むので、本著の最初に書いたような矛盾

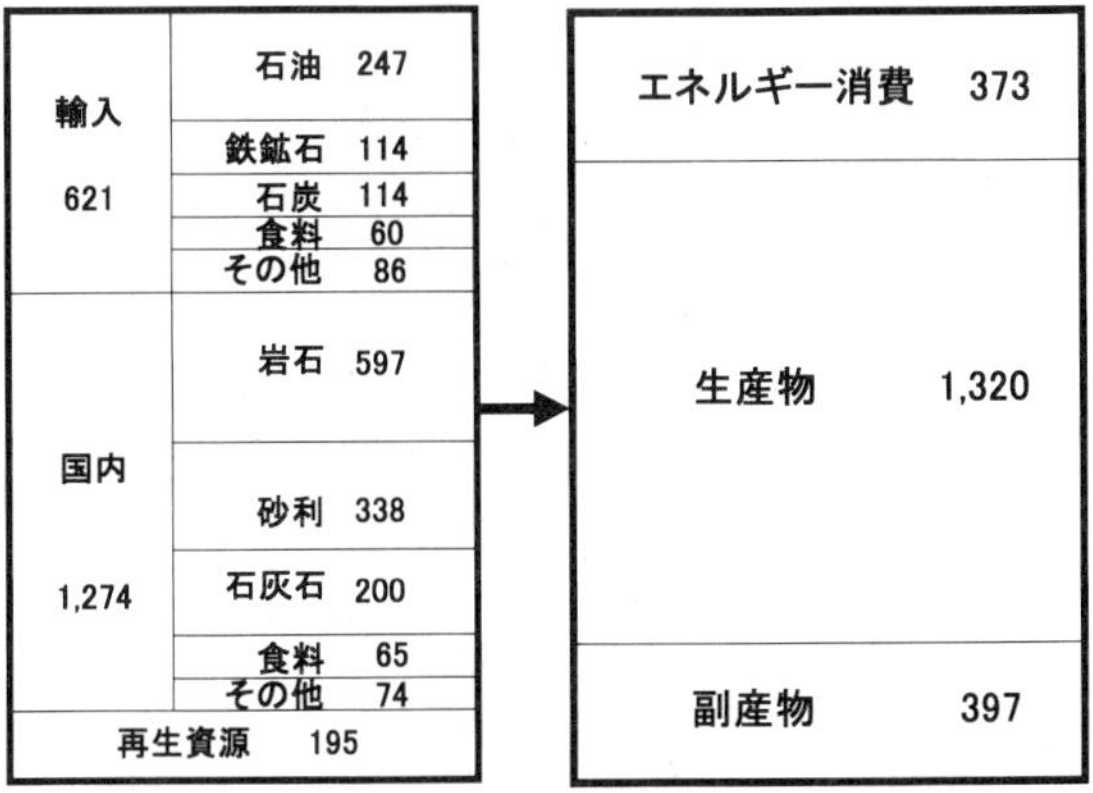

図 11　現在の日本の物質とエネルギーの流れ（百万トン／年）

が発生しているのです。

それでは、合理性をもった循環型社会はどういうしくみになるのか、循環の基本的な流れから解説を進めます。

循環の流れはこうなる

昔から人間は自然からエネルギーと物質を受け取り、それを使って活動してきました。農業社会では、種、土地、水などをもらい、食料を作りました。工業社会では原材料を確保し、石炭を焚いて動力としました。また、家庭では本を読んだりテレビを見たりして人生を楽しみますが、これにも物質とエネルギーを使っています。

使い終わったものは川に流し、裏山に捨てていました。廃棄物は自然が片づけてくれていたわけです。この関係を図12に示しました。ここでは、人間が活動する流れを「活動系」、自然が廃棄物を片づけて、また人間に役立つものにしてくれる流れを「回生系」、汚い物をきれいにする流れを「浄化系」としています。

一定の活動をするという状態を基準に考えると、活動のための物質やエネルギーが必ず必要となりますが、それにどの程度の量を使うかは社会全体の「仕事の効率」によります。仮に仕事の効率が大変低く、大量の資源を使っても少ししか活動ができなければ、活動系を流れる物質の量は多いのに、活動量は少ないということになります。反対に、少しの資源で多くの仕事ができれば、とても効率的だということができます。結局、その社会に入ってくる資源の総量は社会平均の効率に依存するということになります。

二〇世紀の初めには、「効率」という概念は一般的でなく、それ自体とても低いものでした。しかし、工業化が進むにつれて競争が激しくなり、少しでも少ない物質やエネルギーで多くの製品を生産する必要が生じました。つい最近まで日本でも、原料物資をとことん減らす「原料原単位の削減」や、生産活動で使用するエネルギーを減らすための「エネ効」が行われていました。

二〇世紀は「効率化を進めてきた世紀」ともいえるのです。その結果、社会平均の効率は大変上がり、現在の日本では約二十億トンの物質とエネルギーを使用して五百兆円のＧＤＰを上

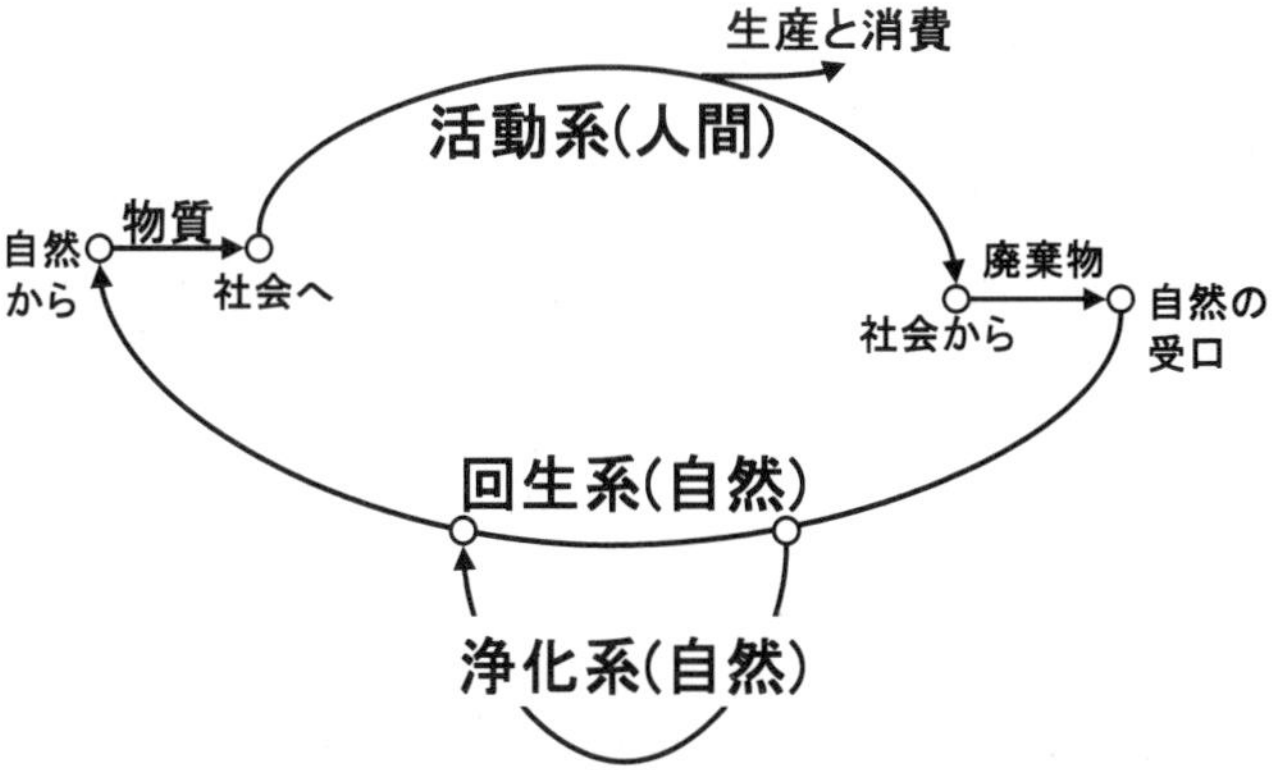

図 12　従来の循環型社会

げるに至ったのです。

ところで、最近日本では、原料原単位の削減やエネ効が一段落し、「仕事の効率を上げる」という意味では、産業界は改善に行きづまってしまいました。アメリカも同じ状況になったのですが、こちらは「情報革命で効率を高める」という方向を選択しました。日本は自分たちが使ったものは自分たちで片づけたいと考え、リサイクルに進んだのです。

何度も記しますが、もともと使い終わった物質やエネルギーは自然が担当して回生し、浄化していました。少し長い時間で循環する例は川の砂利です。自然はまず造山活動で山を造ります。そこから川の水が流れ出し、上流にある岩石を転がし、角をとり、きれいな砂利として川底にそろえます。それを人間が掘り出して都市に運び、コンクリート住宅の建設に利用します。やがて人間の文明が滅びて何万年も経つと、再び造山活動などで川の砂利が作られるようになります。

さらに長い時間かかる例としては、石油や石炭、鉄鉱石などの資源の循環系があります。これらは自然が生物という媒体を利用して太陽の光のエネルギーを数億年かけて貯蓄したものです。

さて、昔は人間の活動量が小さかったので、何であれ家の側の川に流せば、川が回生し、浄化してくれたので、自然が回生と浄化を担当してくれているということは意識もしていませんでした。本著の最初のところで述べたように、一九四〇年代までは自然の活動が断然、人間を上回っていたので、自然は悠々と人間が活動した残りものを処理したのです。

図13の上は、人間の活動系の流れより自然の流れが大きい時代、つまり一九四〇年代以前の状態を示しています。これなら回生には何の問題も起こりません。ところが一九四〇年代以降は、人間の活動が自然の回生系を上回るようになりました。それが下の図で、この状態を人間からみれば、「自然が回生をしてくれなくなった」ともいえます。

しかし、人間は一九四〇年代から直ちにその行きづまりに気づいたわけではありません。人間が使い終わった廃棄物は自然が処理できずに徐々に徐々に蓄積していましたが、「地球」はあまりにも大きいので、どこかに貯蔵されていて、人間の目にすぐには触れなかったのです。

兆候はありました。その一番早い時期の警告が、初めに触れたレイチェル・カーソンの『沈

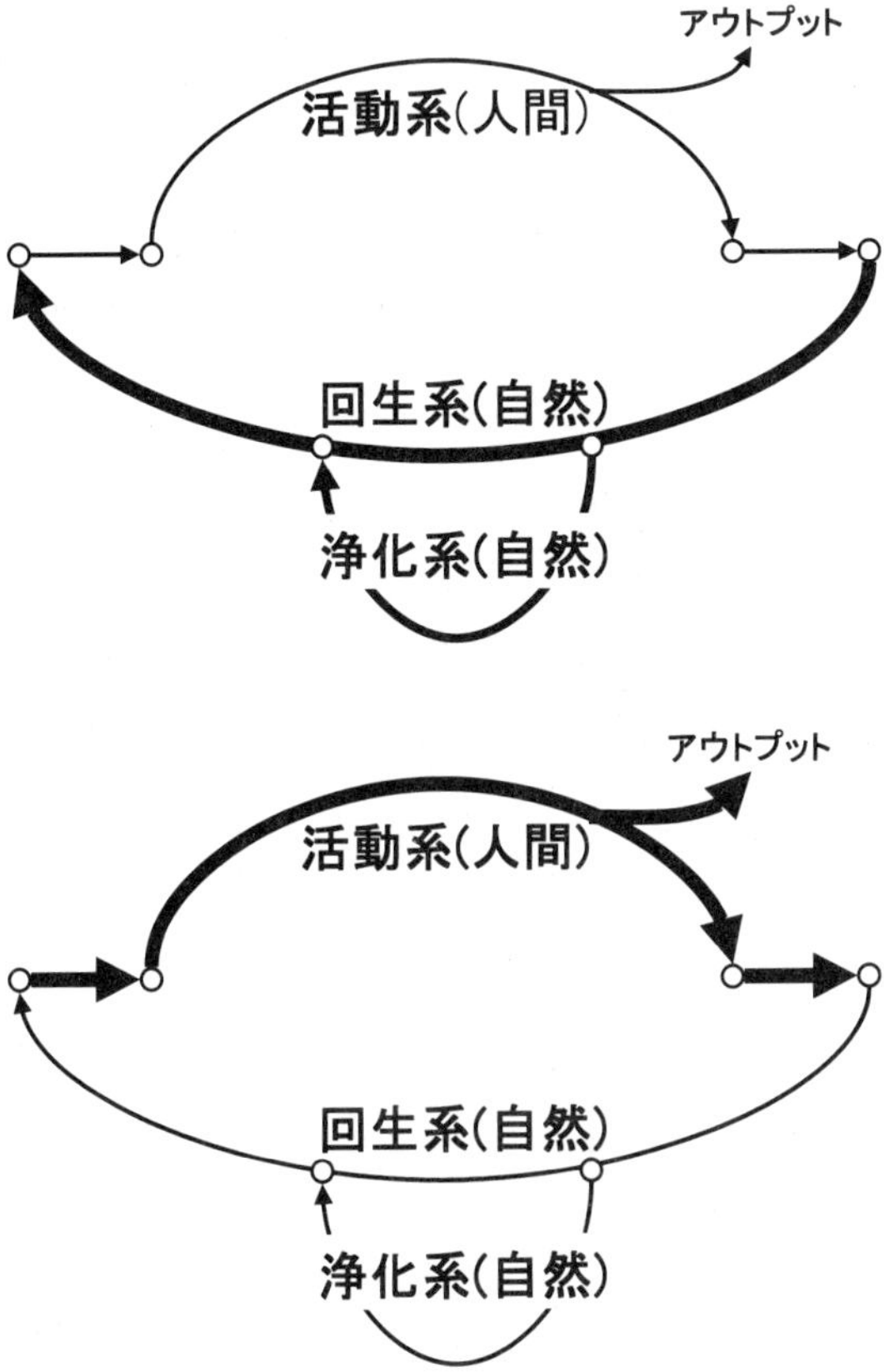

図13　昔の循環（上）と現代の循環（下）

黙の春』です。彼女は綿密な観測で自然が人間の農薬などで汚染されていることを発見しました。自然の浄化系がすでに彼女の研究した一九五〇年代に破綻していたことを示しています。

その後、破綻は少しずつ顕在化します。そして一九九〇年代になって、オゾン層の破壊や地球温暖化の危険性が叫ばれるようになったのです。

そこで、人間は自分の活動の後始末は自分でしようとして、循環型社会の像を描き始めました。次に示した図14は現在の日本などで議論されている「循環型社会」の図ですが、これまでの自然の苦労を全く考えていないような脳天気な図なので、これを「身勝手な循環型社会」と呼ぶことにします。

循環型社会の流れを考えるときに、活動で使ったものの八〇パーセントを人間が回生する計画を立てたとします。つまり、人間が使ったもののうちの八割を人間自身で循環するので、うまく循環できれば、自然からもらう量は二割ですみ、これまでの五分の一に減少します。資源は節約でき、廃棄物も減るので良い計画だ、と思われています。

しかし、そうはいきません。それを知るためにこれまで自然が循環してきた方法を簡単に示します。自然の回生系は非常に大規模で複雑ですが、ここでは象徴的なものとして水の循環を示しました。

まず、太陽の光が地上を暖め、大陸から七十億トン、海から四百五十億トンの水を蒸発させ

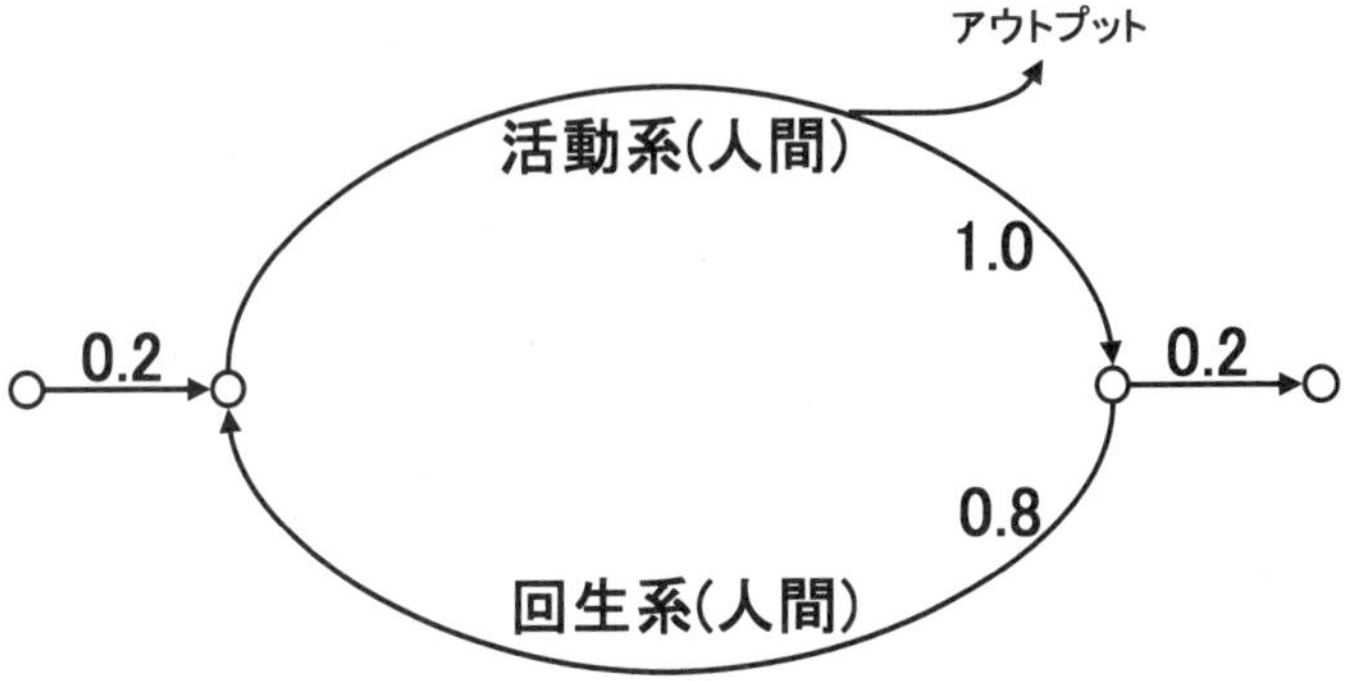

図 14 「身勝手な循環型社会」の流れ

ます。陸上の水や海水に汚いものが含まれていても、蒸発によってきれいな水に浄化されるので、この方法は回生と浄化を一緒に進める効率的な方法といえます。蒸発した水は、これも太陽エネルギーによって起こる気流によって、数百メートル、ときには数千メートルにまで上がり、雲となり、やがて地表に雨となって降り注ぎます。この過程で大陸には百十億トン、海には四百十億トンの水が戻ります。これは毎日毎日、何ごともなかったかのように太古の昔から自然が繰り返している作業です。

山に降り注いだ雨はやがて川となり、大地を流れます。その流れを利用して人間は水車を回し、田に水を引き、生活で生じた「廃棄物」を捨てます。人間が排出した汚染物は川を流れ、あるものは川底に沈殿し、あるものは川の生物に付着したり、反応したりしますが、やがて降り注ぐ太陽の光と空気中の酸素で分解され、汚染物質は徐々に二酸化炭素や窒素となって大気の成分になります。

このように、自然が行っている回生のほとんどは太陽のエネルギーを駆動力としているのであり、何もしないのに「自然に」回生しているのではないのです。このことは「人間の活動は、太陽エネルギーを駆動源とした自然の回生速度に制約される」という原理があることを示しています。この原理を守っていたのが昔の農業でした。昔の農業は自然を相手に活動をしていたので、農業社会の循環図を描くと自然の一部に人間の活動が組み込まれた形になります。

そのように人間が自然の回生に頼っていた昔でも、ときどき、地域によっては人間の活動と自然の回生のバランスが崩れることがありました。そんなときには文化が停滞したり、最悪は人間が餓死したりして、自動的に調整されていたのです。

しかし、工業化国家では自然の回生の速度とは無関係に、人間の活動が行われるようになりました。石油や石炭という「遺産型」の資源を使用し、遠くから必要な物質を調達できるようになったので、自然の回生系と人間の活動系が切り離されたのです。高度成長からバブルに至る日本の産業の状態は、その典型です。

日本の土建産業が環境など考えずにひたすら日本列島を改造しようとしたのはよく知られています。もちろんその行為を一概に非難することはできません。かくいう私も土建産業が作った高速道路を使って快適なドライブを楽しみ、高層ビル内のオフィスで仕事をしたことがあるからです。「荷物を出したら翌日には届く」宅配便システムにも、高速道路網の整備が寄与し

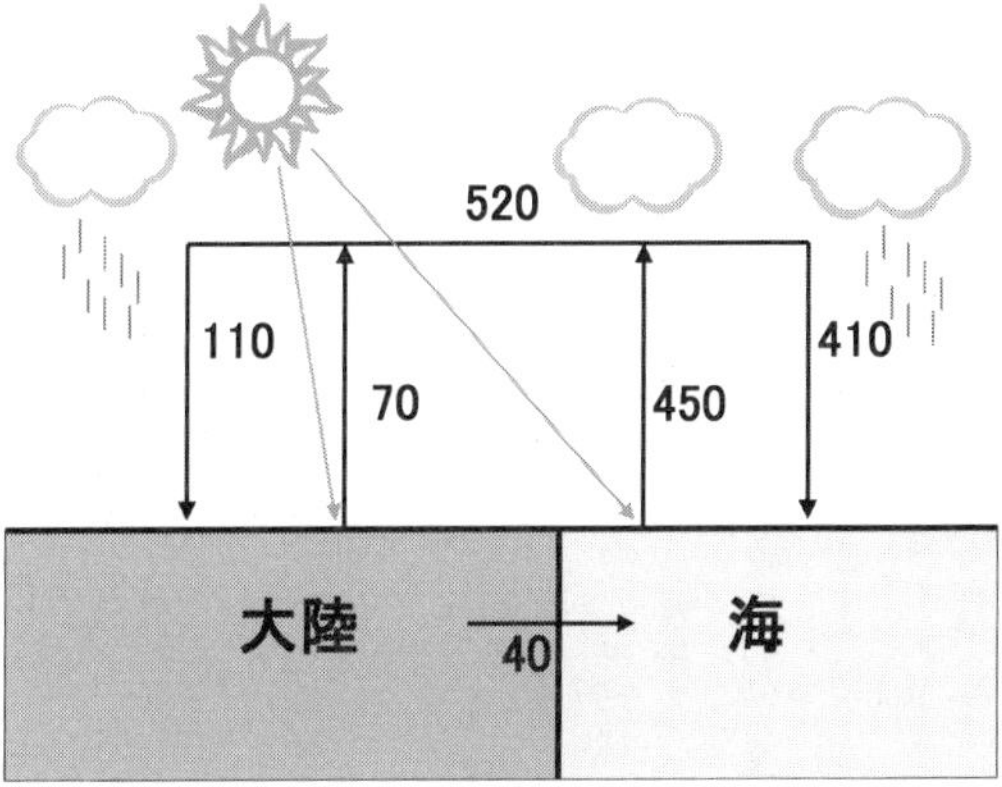

図 15　地球上での水の循環（兆トン／年）

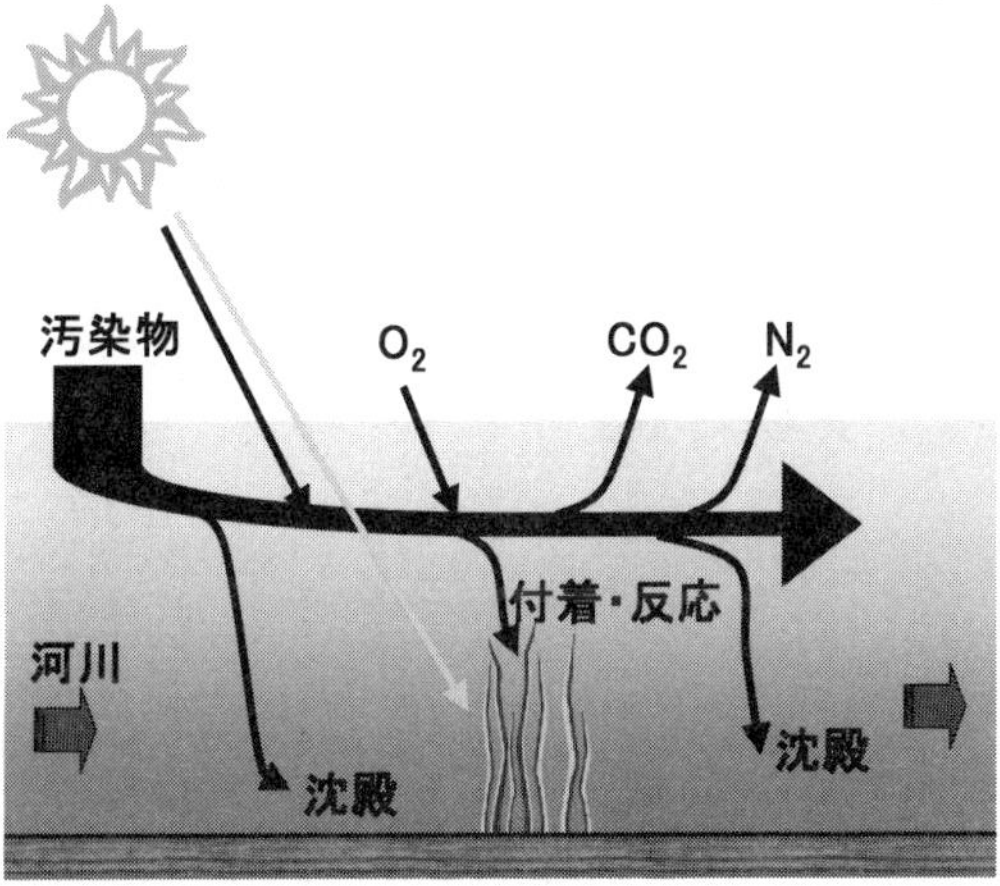

図 16　川の流れと浄化系

たことはいうまでもありません。

メリットだけ享受して非難することはできませんが、日本の土建産業が自然を無視して国土の改造を行ってきたことも事実です。そのスピードがかなり速かったので、日本の河川はそれにあわせて砂利を作ることができませんでした。わずか数十年で日本の川から砂利が採れなくなってしまったのは当然でした。

自然の代わりに人間が回生を担当しようとする意気込みは立派ですが、もしほんとうに人間の力で回生系を営もうとするなら、それを動かすための駆動力が必要です。そのことを考えて「循環型社会」における社会の流れを図にすると次のようになります。

図17は循環型社会の合理的な予想像といえます。人間の活動量はこれまでの図と同じとし、人間が使ったものの八割を人間自体が回生するとします。

さて、環境に素晴らしいことをするのだからとか、ボランティアだからとか、デポジット制だから、などとは無関係に、活動をする以上、物質もエネルギーも不要というわけにはいかないので、「回生という活動」にも物質・エネルギーを必要とします。たとえば、使い終わった鉄板を運ぶのに神様が空中に鉄板を浮かせて運んでくれることはなく、人間がトラックで運搬するので、その形態は活動系と同じなのです。

回生系で使用する物質とエネルギーがどの程度であるのかを出すには、かなり複雑な計算が

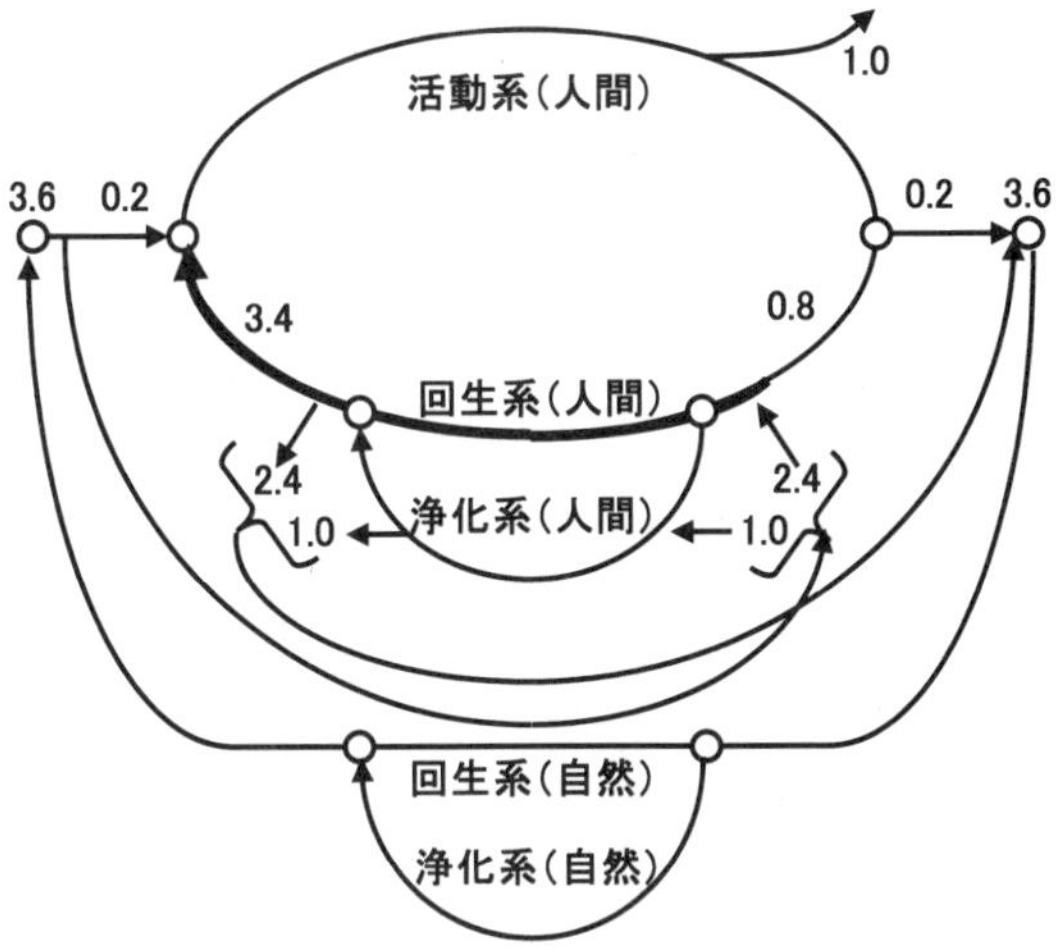

図17　循環型社会の実像

必要ですが、ある程度の幅で推定することは可能です。図はこれまで計算されたリサイクルの例から、回生するものに対して平均三倍の物質とエネルギーが必要との仮定で描かれています。

また、回生系を分離工学的にみると、循環しようとする物質の純度が低い場合や、回収率が八〇パーセントを超えるような場合には、ここで計算の仮定に使った「三倍」という数字は「百倍」程度にふくらみます。廃棄物中に少量しかない物質を回収しようとしたり、使用した物を徹底的にリサイクルしようとしたりすると、膨大な損失が発生するということです。

いずれにしても、循環する物質と同じ量の物質の投入だけで回生系を維持するというのはかなり困難です。まして現在の循環型社会の計画のように、「回生系には物質もエネルギーも不要」ということになると、これまでの学問体系にない新しい学問の原理が必要となるでしょう。

さらに、回生系には浄化系が必要ですが、これにどの程度の負荷がかかるのかは、まだよくわかっていません。図では回生系の流れの八割、活動系の流れの六割四分は浄化が必要とし、この浄化にも物質とエネルギーの投入を考えています（武田邦彦『「リサイクル」汚染列島』青春出版社）。

結局のところ、回生系と浄化系には活動系の三倍以上の物質とエネルギーが必要ということになり、この分は自然から新たな供給を受けることになると予想されます。自然の側からすれば、人間が自分たちに代わってものの循環を担当するのはいいとして、そのために三倍以上の物質を供給しなければいけないというのは、大いにためらうところでしょう。

日本の物流の図（一一七ページ）を思い起こすと、現在の物流量をそのままとすれば、循環型社会を動かすためには、土建材料以外の原料を今の三倍の二十億トン以上必要とし、廃棄物も同様に三倍以上になることがわかります。

先に述べたように二〇世紀は「効率向上の時代」でした。それは「できるだけ少ない物質で、できるだけ多くの活動をする」ことを願った時代でした。そこで考えられていた「物質」とは、自然から与えられる物質でした。これに対して二一世紀は「循環の時代」です。それは「効率を上げる」ということではなく、「人間が回生系と浄化系を担当する」ということです。ただ、現在の学問体系と産業構造は、そうした意志を否定しています。そこをどうするかが、循環型社会を構築するための第一課題なのです。

循環と時間・空間の関係

循環型社会の構築は、大量生産、大量消費を前提とした効率向上社会からの大転換であることがわかったと思います。そこで本格的に循環型社会の構造を解明していかなければなりません。その第一歩として循環の「時空性」を取り上げます。

「時空性」とは、循環と時間や空間の大きさとの関係をいいます。まず標準的な循環の時空性をまとめてみます。

時間の尺度は一週間程度、空間の大きさは個人の住宅から工場、自治体、そして日本全体程度を考えます。

個人の住宅のレベルでも、ある程度の循環が可能です。たとえば、風呂に使った水をもう一度洗濯に使うとか、机が壊れたので、その材木を利用して棚を作るとかいう行為がそれです。昔は読み終えた新聞は包み紙に使ったり、トイレで使用したりしたものですが、現代では身の回りの品にも工業製品が多く、個人生活の中で循環できるものが減ってきました。

家庭のような小さな空間では、もともと幸福とか成長とかいったことが活動の目的なので、家庭内のものは純粋にそうした目的のために使われます。したがって、生産現場とは異なった考え方がとられることがわかります。

次に、工場程度の大きさを考えます。

高度成長期には物質やエネルギーをどんどん使って生産力を高めた工場も、最近では「省エネ」や「効率化」、「歩留まりの向上」などが盛んにいわれ、エネルギーや物質の循環も進んでいます。その傾向は最近さらに進んで、現在ではきわめて優れた循環を行っている工場が誕生しています。その典型的な例を図18に示しました。

この図で示した工場は素材産業と組立産業の丁度中間的な産業領域のもので、工業の中では工場内の循環が難しい分野です。それでも全工場のマスバランス、エネルギーバランスを公開し、積極的に循環と環境の改善に力を注いでいます。

この会社では「本当に環境に良い状態を作らなければ、二一世紀の優れた製造業とはいえない」という断固たる経営方針が社長から示されています。十六万トン余の原材料に対して十四万トンの製品は八五パーセントの原料の有効利用にあたり、それ自体優れた数字で、製造過程で出る三万トンの廃棄物も工場内で可能な限り回生し、外部から導入する燃料とともに発電に

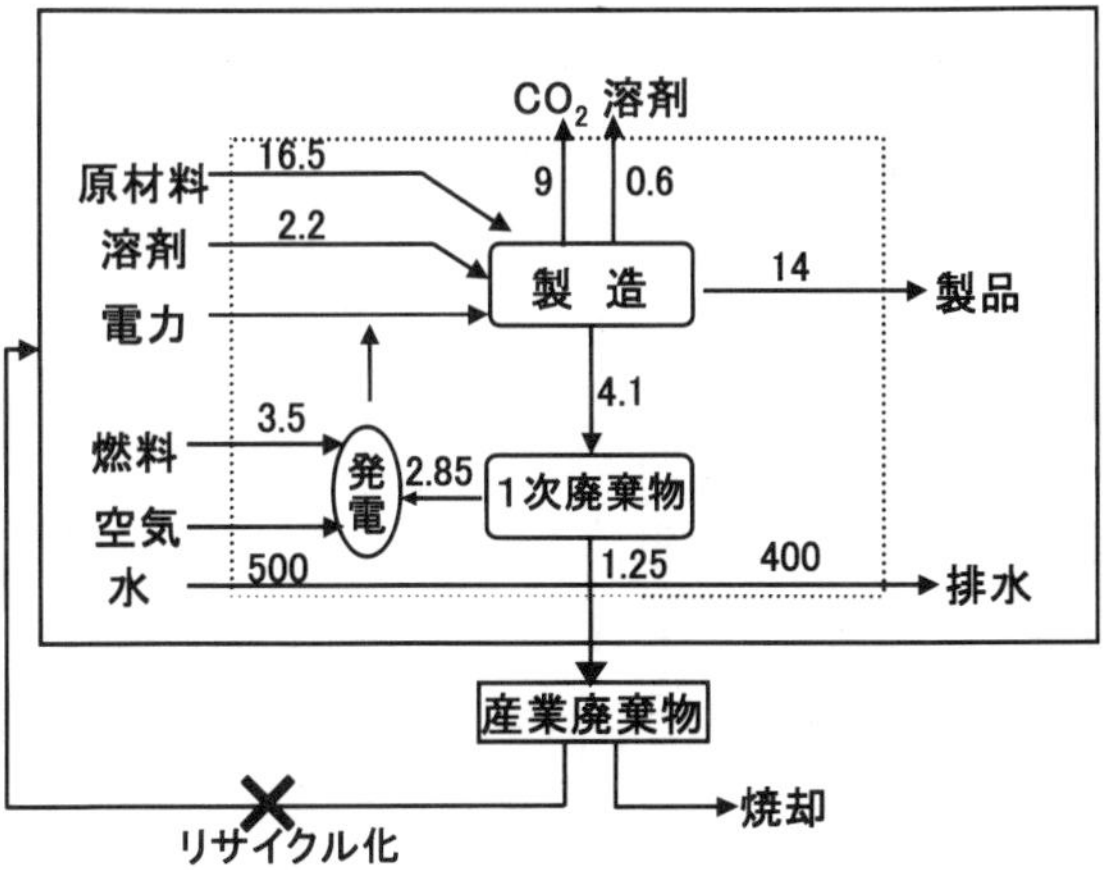

図18　進歩した工場の循環系（万トン）

利用しています。

この工場にはさらに二つ優れた点があります。一つは環境に関わるデータを余すところなく公開していることです。「我が社は環境に配慮している」「ゴミゼロ工場である」というようなことを標榜していながら、なかなかデータを出さない会社が多い中で、本当に環境に配慮しているといえるでしょう。

もう一つは、工場から外の社会に廃棄物を出せば、どんなに社会でリサイクルしようとしても環境に負担をかけると考えて、工場内でできるだけ再利用し、外に出さないようにしていることです。「我が社はすべてをリサイクルしてゴミゼロを実現している」と言いながら、その実は工場内で分別をして外に出し、後の処理をリサイクル会社に委ねているだけのような両価性の会社とはまじめさが違います。

このように現代の社会では、工場規模程度の大きさがもっとも循環の効率が高いと考えられます。工場では使用する原材料を極力削減できるし、製品のムダを省くために、格下げ製品を再度原料側に回して使うことも可能です。それは「移動距離が短く」「使っているものの種類が少なく」「設備が整えられている、もしくは整えることが技術的にも資金的にも可能である」などの条件が満たされているからです。

エネルギーの回生も、工場程度の大きさではその威力を発揮します。ポテンシャル・エネルギーの低いものはコンプレッサーなどを使ってポテンシャルを上げることができるし、ヒートポンプなどの機器の運転も容易です。また、廃熱などを利用したり可燃性のものを燃焼させたりして、電力として回収することもできます。

工場ではありませんが、「回生電車」という環境に優れた電車も知られています。これは発車して徐々にスピードを上げていくときには架線から電気を供給してもらい、スピードが上がったら電車の重みを利用して惰性（慣性力）で走り、駅に近づいて減速するときには、機械式のブレーキを使わずに、発電機で慣性力を引き受けて減速するという方法で電力を回収する電車です。このような工夫をすると、電車を動かすための電力を半分以上倹約することができます。

回生電車も空間の大きさがエネルギーの循環に適当なので、有効に循環ができるわけです。このように空間の大きさが工場、電車程度のときには、さほど環境に負担をかけない循環型システムが成立します。

物質が工場からいったん外に出ると事情が違ってきます。まず、移動距離が各段に増えます。一つの市程度の大きさでも、工場内の移動に比べ格段に距離が長くなるし、市の中で行き交う品目も多種類にのぼります。種類が多くなると循環は極端に困難になるし、家庭からの廃棄物に産業廃棄物が混入したり、素性がわからないものがゴミの中に入ってきたりします。

このような事情で、市町村の規模まで循環の場が大きくなると、「物質」の形での循環は不利になります。ただし、物質をエネルギーに変えるゴミ発電などでは、移動距離や焼却工場の大きさの点で有利になります。高性能の焼却装置に発電装置をくっつけてゴミ発電をする場合、人口は十万人以上が望ましいからです。

市町村の規模を超えて県、国などのレベルになると、循環に不利な条件がさらに増えます。たとえば、青森県で分別した可燃性ゴミを神奈川県の高炉に持ってきて焼くというような方法が、合理的な循環でないのは明白です。運搬のエネルギーや、それに伴う物質使用量が大きくなり過ぎて、明らかに能率が悪くなるからです。現在の日本で考えられている循環型社会の時間の尺度は、一週間から一カ月程度なので、時間に対して空間が大き過ぎると、時空性の原理が働いてリサイクルの矛盾が生じるわけです。

以上のような空間と時間の関係を一つのグラフにまとめたものが図19です。初めに前提を置いたように、この図は一週間程度の循環時間を仮定して計算してあります。すでにみてきたように、家庭程度に空間が小さいと循環はかえって難しく、工場程度の大きさになると、最も効率的な循環ができることがわかります。

工場よりさらに空間が大きくなると、「循環が不利になる限界の大きさ」に達します。このようにリサイクルや循環では、空間的な大きさに一つの限界が存在することがわかります。空間が大きくなればなるほど環境に与える負担は大きくなり、国家単位では循環を合理的に成立させるのはなかなか難しくなります。

もとより一週間程度の時間の範囲では、地球規模の循環は無理で、あまり話題にもなりません。使い終わったものを船に乗せて他国に運び処理することなどが、非能率なことは素人でもわかります。

ところで、江戸時代のリサイクル・システムが循環型社会の一つのモデルとして取り上げられることがあります。モデルとして考えること自体は問題がありませんが、江戸時代は物質の使用量が現在と比較にならないほど少なかったこと、平均寿命が現在の二分の一程度で、「安全性」に対する感度もかなり違っていたこと、「工業製品」がほとんどなかったことなど、現

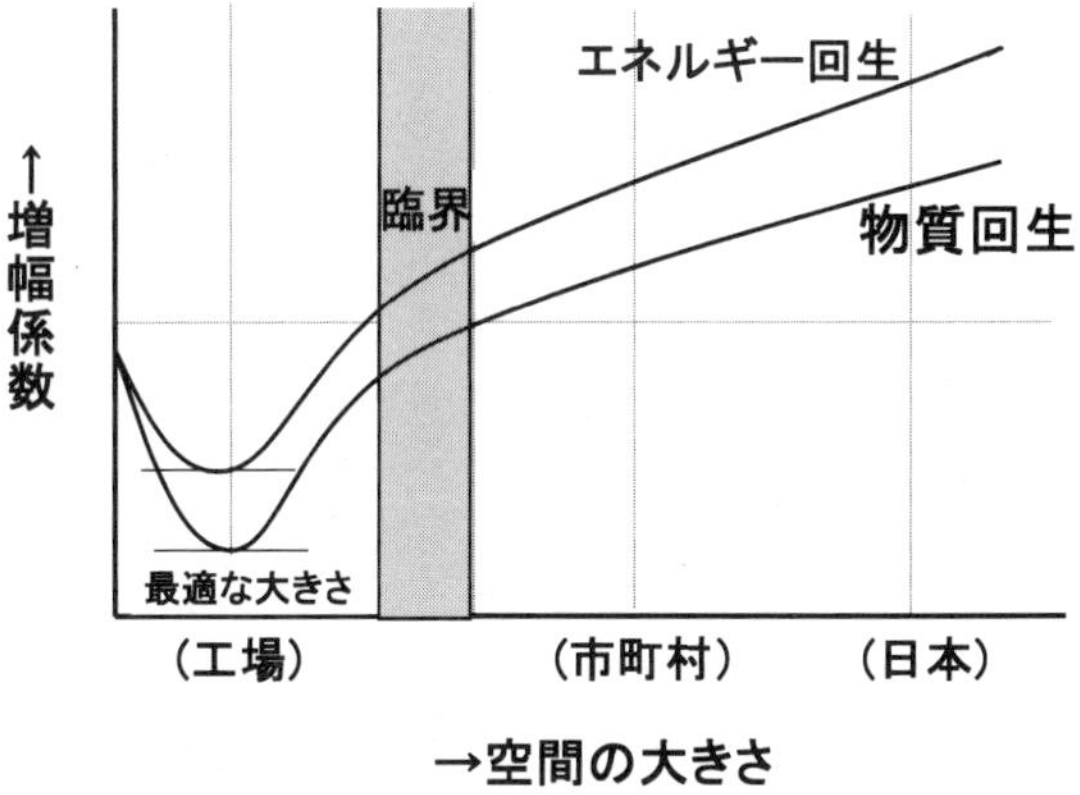

図 19　循環の時空性

在の社会とは全く異質な社会であったことに注意する必要があります。江戸時代の循環は、時空性という点からみると、一つの集落程度の小さな空間で行われた、少量、かつ時間の尺度がさまざまな循環（先祖代々の遺品もあれば、衣服のつぎあてもあるということ）ということができます。

次に、もう少し長い時間を考えてみます。たとえば、循環時間を百年程度とします。そうすると、家庭程度の小さな単位は全く循環には不適切な大きさになります。日常用品を百年間、家庭の中にとっておくことは、現在ではとてもできません。物質の量が圧倒的に少なかった頃には「蔵」の中に先祖の遺品をしまっておけたけど、現在では無意味に近くなっています。特に工業製品などは進歩が速く、時間がその製品の価値をなくしてしまいます。パソコンをずっと保管しておいても、百年後はまず使いものにならず、ただのゴミになってしまうでしょう。

また、百年という時間の範囲では、工場内の循環も不適当になります。工場内に百年間、部品の在庫を抱えていても、製品や材料が進歩、変化して利用できなくなります。

一方、百年程度の循環でも国家規模なら有効です。社会で使用したものを回収し、すべてを焼却して灰にし、それを将来の資源枯渇に備えて「人工鉱山」として貯蔵し、二百年後に資源として取り出すような方法が、かなり有望になるからです。国家規模であれば、百年という時間はさして長いものではありません。

地球規模で自然が行う資源のリサイクルは、さらに長時間です。たとえば、まだ酸素濃度が今よりずっと低かった十億年より前に、海水に溶解した鉄をバクテリアなどの小さな生物が体内に蓄積し、それが特定の場所に堆積して鉄鉱床となりました。むろんこの蓄積過程で働いたエネルギーは太陽の光です。

この鉄鉱石は十数億年後に人間によって掘り出され、還元されて鉄として使用されています。最終的には大気や土の中、あるいは海中に広く分散し、地球の活動が繰り返すなら、数十億年後にまた新しい鉄鉱床となるのかもしれません。このような自然のサイクルは十億年以上の時間を経るので、「長時間循環」と呼ぶべきでしょう。宇宙の循環時間は二百億年以上、太陽系は百億年以上であり、太陽もやがては燃料を使い果たして膨張し、ついには死んだ星になると考えられているので、このような循環も考えると「超長時間循環」も視野に入れなければならないかもしれません。

6・2 真の「循環」を築くには

リサイクルの矛盾から、分離工学、材料の本質を経て、循環型社会の基本的な構造にまで話が及びました。その過程で、現在、日本で議論されている循環型社会という概念は、二〇世紀に私たちが錯覚し、その結果として環境の破壊を招いた人間中心の考え、効率主義の延長線上にあることも明らかにしました。

冷静に考えれば、資源のない日本で物質やエネルギーの循環を行うこと自体、科学を持ち出すまでもなく論理的に不合理です。循環のスタートに必要な資源が日本にはないし、国際的な循環は時空性から受ける制約で短い時間のレベルでは成立しないからです。

かといって、二十億トンの物質とエネルギーを使用して五百兆円のGDPを生む今の活動をこの先も続けると、自然は必然的に破壊されると予想されます。日本の自然のもつ循環能力は、現在の経済活動の数分の一しかないので、当然です。さらにいえば、現在、日本の一般廃棄物は五千万トン、産業廃棄物は四億五千万トンで、合計五億トンですが、この数字は日本の産業が使用している総物質量二十億トンの四分の一に当たります。これだけの廃棄物が「日本というゴミ箱」に蓄積しつつあるのです。（「空気」や「水」も産業活動に使われていることを考慮に入れると、実際の廃棄物量はもっと増えるのですが、本著ではその点は除いてあります。）

現在、廃棄物貯蔵所が満杯になりつつあるといわれています。それは「ゴミ箱が不足している」というレベルの話ではなく、実は「使われる物質のわずか四分の一のゴミですら、日本中にあふれかえっている」という状態を指しているのであって、事態はもっと深刻なのです。

統計に示されている物質量には、水、空気、自分で作って自分で使用するものなどが含まれていないので、それらを計算に入れると、日本の自然の負担はさらに大きいことがわかります。

そこで、どのような循環型社会なら成立するかを考えてみることにします。その際、三つの前提を置きます。

一つ目は、現在の日本の生活レベルを落とさないということです。環境問題の解決方法として、ときに「昔の生活に戻れ」と主張する人がいます。たしかに現代の物質の使い方は多少乱暴で、もう少し我慢をしても生活できることは間違いありません。しかし、生活レベルを下げるのにはかなりの苦痛を伴うし、前向きの解決策になりにくい面があります。現在の私たちの健康や長寿、生活の楽しみといったものも、豊富な物質に支えられているところがあるからです。

第二の前提は、循環型社会を成立させる解答を「日本に限定する」ということです。もちろん、環境汚染や資源枯渇、循環型社会の構築のような問題は日本だけではなく、世界全体で考えなければなりません。しかし、日本が経済成長率を気にして物質生産量を抑制できないように、先進国は継続的な経済成長をその主力の政策にせざるを得ないでしょうし、発展途上国は先進国の豊かな生活を知っているだけに、自国民のために発展を目指さざるを得ません。その結果、すでに自然の活動の数倍と考えられる人間の活動は今後、間違いなく世界規模で顕在化してくると考えられます。

一方、現在の世界が地球温暖化やオゾン層破壊におびえ、資源の枯渇を懸念しているのは、先進国が大量の物質を消費していることに原因があります。もし世界中の人がアメリカ人と同じ生活をすると、石油資源はあと数年しかもちません。日本人と同じ生活をしても似たようなものです。これに対して、もし世界中の人がアフリカの人と同じ生活をすると、石油はあと二百年近くもつ計算になり、当面の循環型社会に関する考え方も大きく変わってきます。

そこで、ここでは「貿易で緊密に結びついている以上、世界全体を考慮に入れなければならないが、循環の対象は日本国内に限る」ことにします。

第三の前提は「これまでの立場、メンツ、行きがかりなどを捨てて、真に日本の将来のために考える」ということです。この当たり前のことが一番難しいかもしれません。この前提を置くのは、二一世紀に地球の環境が破壊され、これまで近代文明を支えてきた石油、石炭、鉄鋼などの主要な天然資源がなくなることが予想されるからです。それは、世界情勢を極度に不安定にするでしょうし、大量の餓死者が発生するなどの破局的な状況も考えられます。

そこで、論理的、科学的に整合性を保ちつつ、まじめに真剣に、そして専門家の倫理に悖《もと》らないように注意し、「循環」に焦点を当てて、近未来の日本はどうあるべきか、その解答を探っていきたいと思います。

解答の一――人工鉱山を造る

循環型社会のキーポイントの一つは廃棄物です。日本は一年に五千万トンの一般廃棄物と四億五千万トンの産業廃棄物を出していることはすでに述べましたが、そのうち、まず一般廃棄物の内容を「比重」に注目して整理してみます。表4に示すように、紙や草木、プラスチックなどの有機物の「真比重」は約一・〇で比較的軽いものです。ただ、紙は丸まっていたり、段ボールのように中空になっていたりするので、ゴミの中での見かけの比重は本来の比重の十分の一ほどになります。プラスチックだとさらに軽く、見かけの比重は〇・〇四ともいわれます。

廃棄物貯蔵所が満杯になる原因の一つは、プラスチックがこのようにかさばるばかりで、比重

種類	元々の比重	見かけ比重
紙	1.00	0.10
厨芥	1.00	0.56
繊維	1.00	0.17
草木	1.00	0.19
プラスチック	1.00	0.04
ゴム・皮革	1.20	0.28
金属	8.00	1.10
ガラス	2.30	0.38

表4　ゴミの見かけの比重

が軽い点にあります。

　この廃棄物の中で資源として再利用できるものをピックアップします。

　まず、紙はリサイクルには適しません。これからの循環型社会は、できるだけ太陽エネルギーを使って生活するのだから、初めにも述べたように、太陽エネルギーでできる紙を遺産型資源の石油を使ってリサイクルすることは不合理です。同じ理由で厨芥、繊維、草木も資源化は不適当です。紙、草木、厨芥などは焼却し、その熱を利用して発電するのが望ましいと考えられます。

　プラスチック、ゴムなどは、「使えば劣化する」という原理がそのまま当てはまるものなので、紙や草木と同じように焼却して電力を取り出すのが適当です。したがって、再利用できる候補は金属とガラス類ということになります。

金属とガラスを循環する方法として二つの選択肢があります。一つは廃棄物の中から分別して収集する方法、もう一つはゴミをまとめて燃やし、その熱から電力を取り出した後、灰として取り出す方法です。

ゴミの中から金属とガラス類をあらかじめ分別する方法には、二つの不合理な点があります。一つ目は、本著の分離工学のところで整理をしたように、分別をすると社会全体の循環量が非常に多くなり、リサイクルするためにいよいよ物質やエネルギーを多く使うことになって、本末転倒になるという点です。

二つ目は、私たちが使っている工業製品の多くは金属やガラスだけでできているわけではないという点です。多くはプラスチックなどの可燃性のものが混合していて、それをきれいに分けることができる製品はまれです。ということは、分別を進めると、その過程でかなりの金属がプラスチックや紙と混ざって捨てられることになります。

身の回りの小さな電子部品を考えてみてください。多くはケースがプラスチックで、内部に銅やアルミ、金などを少量使った電子回路が入っています。この電子部品を丹念に分解して金属とプラスチックに分けることは大変で、特定の処理工場で金と銅を回収することが可能な程度です。一般には、分別を進めると金属やガラスは失われがちになります。

以上から、金属とガラスを分別収集するのは不合理であることがわかりました。

分別をせず紙や厨芥と一緒に廃棄すれば、金属は原理的には一〇〇パーセント回収することができます。しかし、そのまま埋め立てるのは適切ではありません。その第一の理由は、先ほど触れたように、紙やプラスチックは見かけの比重が小さく、かさばるので、廃棄物貯蔵所がいくらあっても足りないということ、第二の理由は、焼却せずに埋めた廃棄物は、そうやってかさばった状態なので、相対的に金属の含有濃度が薄く、資源として有用ではないということです。このことは分離工学の立場からは、「濃度の薄いものは利用できない」ともいえるし、「品位の低いものには価値がない」ともいえます。

結局、金属とガラスの循環には、廃棄物を分別せず、埋め立てず、すべて焼却し、その熱で電力を作り、残りの灰を「人工鉱山」として日本国内に貯蔵する方法が残ります。

この「焼却して人工鉱山にする」という方法の着想の原点は、「循環の時空性」と「資源の確保」にあります。

前節で、社会における循環には「時間—空間」の相関関係（時空性）があり、小さな空間では短い時間の循環が、大きな空間では長い時間の循環が有利なことを示しました。このことから、日本全体の循環を考えると、「できるだけ簡素な」「できるだけ長い時間をかけた循環」が適当であることがわかります。

日本全体を視野におけば、資源を一週間とか一カ月とかいう短い時間で循環する必然性はありません。人工鉱山の意義は、流行が変わるとか新製品が出るとかの短時間の動きには左右されません。

第二のポイントは、日本への資源の確保です。日本ほどの工業国で鉱物資源が少ない国も珍しいのですが、もともと鉱物資源は世界全体を見渡しても、偏って埋蔵され、産出されています。

工業的に非常に重要な金属であるニッケルは、世界の七割がキューバ、ニューカレドニア、カナダ、インドネシア、フィリピンの五カ国に集中しています。油田は中東を始め比較的広く分布はしていますが、それでも世界中の国に平等にあるわけではありません。

そこで、現在の日本のように産業活動が活発で、貿易が黒字基調で、外貨の準備が十分なときには、資源を外国から積極的に輸入し、使い終わったら日本のどこかに「人工鉱山」として備蓄するのがよいでしょう。二一世紀の半ばには世界的な資源の枯渇が危惧されているので、それまでに貯蔵しておけばよいのです。

リサイクルや循環型社会の議論では「リサイクルを急がねば」という声がしきりです。「リサイクルに対する国民の意識が低いから困る」などという叱責の声も聞こえます。でも、何でそんなに急いで、非能率な短時間のリサイクルを日本全体で行おうとしているのか、その理由は示されません。資源のない日本が他国の資源を心配して一生懸命リサイクルをする論理的な

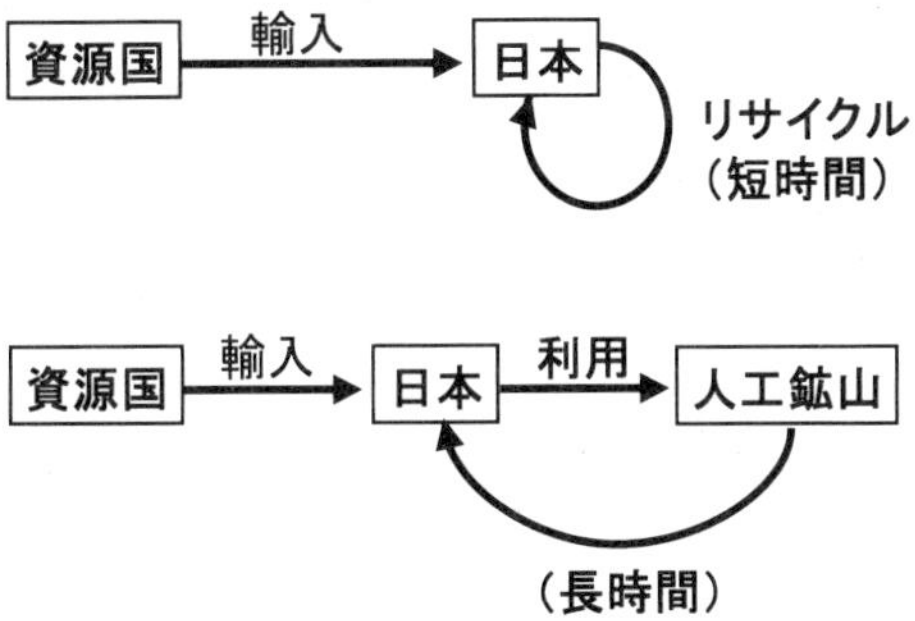

図20　短時間のリサイクルと長時間の人工鉱山

根拠は、どこにあるのでしょうか？

「長い時間をかけて資源を日本に輸入し、消費した後、備蓄する」という人工鉱山の行為は、「資源を資源国から日本に移して備蓄する」という行為と考えてもよいかと思います。このように人工鉱山構想を資源の移動行為と捉えれば、物質の生産量と使用量は抑制すべきですが、ある程度の生産量を維持している限り、将来の日本にとって有用な金属資源が、徐々に日本国内に蓄積していくことになります。

もし、現在のような短い時間での循環しか考えていなかった場合、二一世紀に資源の枯渇の時代がくると、資源国から資源が産出しなくなる少し前から、日本への輸入は難しくなるでしょう（図21のA点）。原料の輸入が難しくなると、当然、その原料を使った工業製品ができないので、日本の外貨は減少し、資源を外国から購入できなくなります。そスパイラル的に日本の経済は崩壊すると予想されます。そのときになって「あんなに急いでリサイクルしなければよかった」と反省しても、もう回復は不可能です。日本の指導者は長期的視点から、しっかりと国民の将来を守ってもらいたいと思います。

反対に、人工鉱山を作ることに国民のコンセンサスが得られれば、日本においては、資源の枯渇にタイムラグを与えることができます。世界の資源が枯渇してくる頃には、日本では備蓄ができている状態になっているわけです。

この人工鉱山構想は「日本だけのエゴ」のようにみえますが、そうではありません。資源が枯渇するのは消費国が資源を使うからなので、消費国が使った資源を備蓄しておけば、それが今度は世界の資源となり、人類を資源枯渇の危機から救うことになります。

ところで、人工鉱山がうまく回転するには二つの条件が必要です。

まず第一は、廃棄物をそのまま埋め立てたり、分別したりしないで全量焼却するということが、徹底されるということです。そうすることによって初めて資源の回収率を上げ、品位の高い人工鉱山を造ることができます。

第二は、人工鉱山からいくぶんか毒物が流出することについて、国民的コンセンサスを得ることです。現在の日本にはほとんど鉱山や油田がありませんが、かつては多くの銅鉱山があって、人々が鉱毒で苦しんだ記録も残されています。鉱毒がよくないことはいうまでもありませ

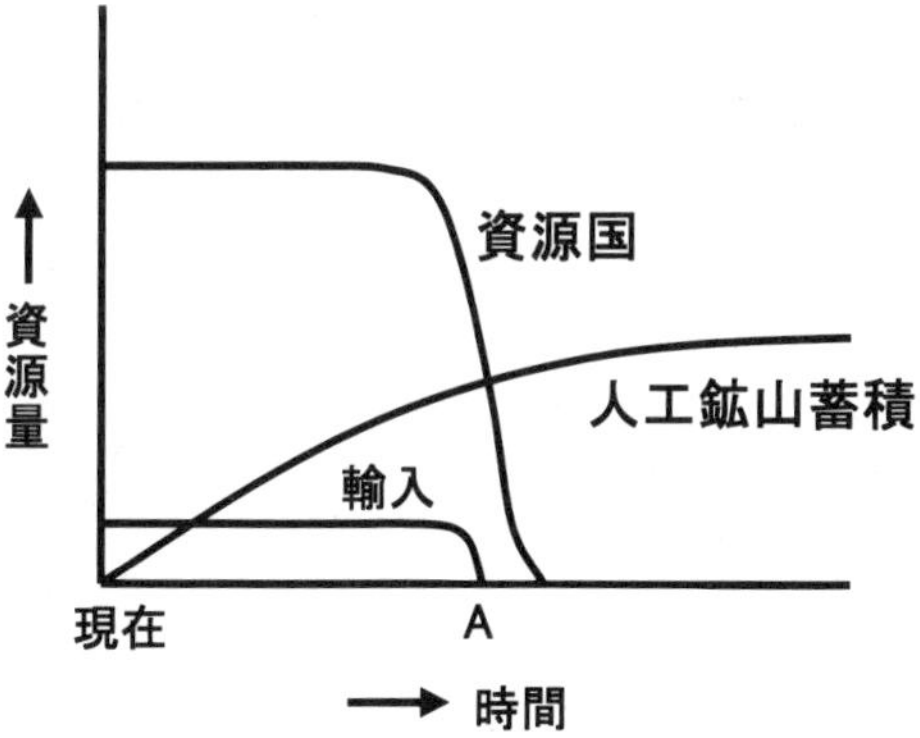

図 21　資源の枯渇と人工鉱山

んが、もともと地中から掘り出される鉱物資源は、人間に無毒で有益なものだけではありません。銅にはイオウやヒ素が伴いますし、石油にはバナジウムが同伴します。ところが、現在の日本には資源がほとんどないので、国民の多くは「汚い鉱山」を見たことがありません。日本人は銅は最初からピカピカしたもののように感じていますし、原油は石油ストーブに使う灯油のようにきれいなものだと錯覚しています。

このような、いわば現実から遊離し、きれいごとの世界で生活している日本人には、自分たちの生活が毒物と切っても切れない関係にあるということは、感覚的に捉えにくくなっています。それで、電池には水銀、表示にはヒ素、ハンダや自動車のバッテリーには鉛など、有毒物質を使った製品の恩恵を受けているにもかかわらず、それらの廃棄物からの影響を極度に嫌うことになるのです。もちろん、毒物は避けるべきであり、少なければ少ないほどよいのですが、自分たちが使った毒物は自分たちで管理しなければならないのであり、決して他人に押しつけないというくらいの責任感は必要です。

人工鉱山を造ると、その中には必ず毒物が含まれます。そして、おそらくはある程度の毒物が人工鉱山から社会へ流出するでしょう。そのとき「人工鉱山反対」の動きが起こることも予想されます。そこが問題です。私たちは毒物を使っているのだから、その毒物からの影響を受けるのはある程度仕方のないことで、どうしたらそれをできるだけ少なくするかということが知恵の出しどころなのです。

人工鉱山の有毒物管理は、廃棄物をそのまま埋め立てた場合より容易であると考えられます。現在の廃棄物中には液体の有毒物が含まれていて、廃棄物貯蔵所から流出する危険性が高いこと、有毒物の化学的な形がさまざまであり、水や油に溶けやすい化合物も含まれているので、埋め立てでは毒物の流出が避けられないことなどがその理由です。焼却した場合、有機性の毒物は残らないし、金属は安定した水に溶けにくい酸化物になっているので、人工鉱山を造るのが毒物管理ではもっとも安全と考えられるわけです。

一括して焼却すると決めれば、廃棄物の回収は格段に簡単になります。容器包装リサイクル法が成立したり分別回収が行われたりする以前から、家庭用ゴミと大型ゴミとを区別したり、「燃えるゴミ」「燃えないゴミ」などという無意味な区別をしていた自治体が多かったのですが、一括焼却になれば、台所のゴミから、新聞紙、ペットボトル、テレビ、冷蔵庫に至るまで、すべて一緒に収集し、焼却所で燃やすことになります。家電製品も別々に回収する必要はありません。そうすると、日本全体の循環の負担は極めて小さくなり、循環型社会の可能性が現実性を帯びてきます。

焼却の際に発電をするシステムは、おおよそ三十万人規模に一つ設置する程度が、経済的にも適当なようです。あまりに人口が少ないと発電設備が不能率になるし、広すぎる地域から廃棄物を集めると運搬の移動距離が長くなり、そこに使われる物質やエネルギーが増えます。この程度の規模の「ゴミ発電」の収支を計算すると、驚くことに発電で収益があがる計算になります。そこから排出される金属を貯めておけば、将来の備えにもなるわけです。

この人工鉱山で注意する必要があるのは、コンクリートなどの建築廃材です。日本では廃棄物中に占める建築廃材の割合が大きいので、これが一緒に人工鉱山に入るとかさばり、鉱山の品位を落とすことになるからです。したがって、建築廃材は人工鉱山の周りに埋めて人工鉱山の外壁にしたいものです。

人工鉱山に含まれる金属資源などは、天然資源と形が違います。たとえば、先にも述べたように天然の鉄鉱石の中には銅は含まれていませんが、リサイクル鉄の中にはモーターなどを起源にする銅が含まれてきます。ところが、天然資源を利用することを目的として冶金学が進歩してきたために、現在の冶金学では鉄の中に含まれる銅を除くことができません。したがって、五十年後から百年後に焦点を合わせた、鉄から銅を分離するといった、人工鉱山からの資源の回収の研究も必要となります。

解答の二——長寿材料を選び長寿設計をする

ワンウェイ社会では材料は役目を終えれば燃やすか、あるいは埋め立てられて一生を終えます。そのような環境では「できるだけ安い材料をできるだけ豊富に供給する」ということが望ましいと考えられてきました。その結果、①天然に豊富に含まれ、②高い品位で容易に確保され、③製造が簡単で、④広く使える優れた性質をもっている、という材料が選ばれ、金属では鉄鋼、無機材料ではガラスや陶器、有機材料ではポリエチレン、ポリプロピレンなどが代表的な材料となったのです。

このような主力材料はいずれも性能に優れ、価格が安いことから、断然、高いシェアを誇り、二番手の材料との間には生産量に大きな開きができました。たとえば金属材料でもっとも生産量の多い鉄鋼の日本での年間生産量が一億トン程度であるのに対し、二番目に多い金属材料の銅は百万トン余に過ぎません。プラスチックでもこの事情は同様で、石油からほとんど直接的に作られるポリエチレンとポリプロピレンの日本の生産量の合計が六百万トンであるのに対し、機械部品や自動車などに使用される高性能のエンジニアリング・プラスチックの代表ポリアミド（ナイロン）は、二十万トン規模です。

ワンウェイ社会でのこの「主力材料の一人勝ち」という状態は循環型社会で変わるでしょうか？

循環型社会で求められる材料の特性は、「長く使える」または「繰り返して使っても劣化しない」ということでしょう。その意味では、錆びやすい鉄より、少し高価でも錆びないステンレス・スチールが、安くてもすぐ寿命がくる汎用樹脂より、多少製造に手間がかかっても耐久性の良い耐熱性のエンジニアリング・プラスチックが、より使われる方向に進む可能性があります。

汎用プラスチックにはポリエチレン、ポリプロピレンの他、ポリスチレン、ポリ塩化ビニルなどがあります。石油化学の基礎となっている化合物はエチレンで、ポリスチレンはそのエチレンをそのまま重合して作り、その他のものは、エチレンにメチル基、ベンゼン、塩素という基礎的化学物質を反応させて作ります。それらの製造は精油から一段か二段の反応ですみ、プラスチック化するための重合反応も大量に一度にできるので、価格はキログラム当たり百円から百五十円程度。その約八割が原料費で、プラスチックに加工する経費はわずかにキログラム当たり十〜二十円程度にしか過ぎません。つまり、これらの材料は石油自身が少し変身した程度といってもよいもので、加工度は極めて低いのです。

ワンウェイ社会では、このような簡単な構造のものにも高度な性能を付与することに成功しました。たとえばポリプロピレンは、側鎖のメチル基が主鎖に対してどちら向きについているかという「分子レベルの立体規則性」を制御することで、大きく飛躍しました。ポリスチレンは、サラミソーセージのような構造をもつゴムと複合することで、強く、寸法安定性の優れた材料となり、テレビのキャビネットを初め生活の多くの場面に登場しました。ポリ塩化ビニルは添加物を巧みに混ぜ、同一の化合物とは思えないほどの多様な性質をもつ材料になったのです。

これに対して、キログラムあたり五十~百五十円程度しか違わないエンジニアリング・プラスチックは、高性能にもかかわらず、生産量は汎用プラスチックに比べ一桁あまりも少なく、さらに高価なスーパーエンジニアリング・プラスチック（スーパーエンプラ）になると、金属材料などより高性能で、素晴らしい！といわれながらも、生産量はほとんどないといってもいい現状です（その代表ポリイミドは、わずかに航空機や宇宙産業に応用されています）。このことはワンウェイ社会における価格のもつ厳しさを表しているといえるでしょう。

現在見捨てられている状態のスーパーエンプラがどの程度の寿命をもつか、著者の研究室で調べた結果を紹介します。対象とした樹脂は、汎用のポリスチレン、エンジニアリング・プラスチックのポリカーボネート、スーパーエンプラのポリエーテルエーテルケトンなどです。

現在多く使用されている汎用プラスチックの推定寿命はせいぜい数万時間、つまり数年であるのに対し、少し価格が高いのを我慢してエンジニアリング・プラスチックを使用すれば数百万時間になり、二桁ほど長く使えます。両者の価格差は約二倍、寿命差で約百倍ですので、「コスト–寿命関係」では五十倍ほどエンジニアリング・プラスチックが環境に良いことになります。

スーパーエンプラのポリエーテルエーテルケトンになると数十億時間という寿命が推定されますが、コストは汎用プラスチックに対して十倍程度です。コストが十倍、寿命が十万倍違うので、「コスト–寿命関係」では一万倍ほど環境に良いことになります。もちろん、ポリエーテルエーテルケトンを実際に数十億時間使ったことはなく、モデル的な研究結果ですので、現実にどの程度まで使えるかは不明ですが、現在数年で劣化する材料が、数百年使用できるようになれば、材料や製品に関する考え方は大きく変わると考えられます。

材料選定の常識が変わり、少し高くても寿命の長い材料が使用されるようになったとしたら、それらの材料を使った製品自体の寿命も長くしようとする動きが出るでしょう。木材はもともと百年程度は使えるものなのに、使い捨て社会では合板などの寿命の短い材料を使った家具が全盛です。でも、考え方が変われば、机や椅子、調度品、家屋自体などは百年規模の寿命を考えて作られるようになると思います。

台所用品、雑貨など屋内で使用する製品は、その次に長寿命にしやすい製品です。可動部分が少ないこと、強い力や太陽の光などを受けにくいことが有利です。材料をよく吟味し、丁寧に使えば、これらも百年程度の時間の尺度で使用できるでしょう。

家電製品、自動車などは、長寿命化の難しい工業製品で、現在の家電製品は平均寿命十・六年で作られています。ところが、消費者はそれを六年程度で捨てています。せっかく十年以上の寿命で設計されているのに、六年で捨てているということ自体、「大量生産、大量消費」社会の矛盾をよく示していると思います。

家電製品の寿命が短い原因は、三つあると考えられます。一つは、もともと徹底的に長寿命で作るという発想がないことです。工業製品の多くには「新製品を売り出すサイクル」というものが設定されています。製造会社も、そこに材料を提供する会社も、そのサイクルに合わせて仕事をし、新製品の開発を進めます。その過程では「製品サイクルは六年だから、材料寿命は十年程度で考えてくれ」ということになり、新しい機能の導入もそれに合わせられます。

このようにして作られた製品は、材料の一部が劣化したり、可動部分が故障したりで、あらゆる面で数年後には古くなります。工業製品は設計思想が大切です。すべてではありませんが、ほとんどの性能や寿命は設計思想によって決まってしまいます。実際、家電製品の寿命を二十年として設計しても、現在の技術力なら十分に対応できるのです。

仮に、現在六年で捨てている家電製品を二十数年使うようになると、家電製品の廃棄物は今の四分の一程度になり、廃棄物貯蔵所が満杯になるという問題も回避され、家電製品リサイクルに関する法律も不要になるでしょう。

第二の原因は、製品寿命と関係しますが、メーカーの売上高との関係です。もし家電製品の寿命を二十数年にして、国民が二十年以上使うと、家電会社の売上高は四分の一に減少します。環境に優しいということは製品を必要以上に売らないことだとわかっていても、また会社全体で環境問題に取り組んでいると標榜していても、メーカーとしては「環境のために長寿命の製品を開発し、減産を目指す」というところまでは踏み込めません。

これからの社会は、二〇世紀的な大量消費思想から徐々に脱皮していくでしょう。環境問題に押されるということもありますが、社会自体が成熟し、「ものの豊かさ」から「こころの充実」を求める社会へと変化していくと思われるからです。その中で、これまで新製品を次々と作り販売量の拡大を目指してきたメーカーが、どの時点で方向転換できるか、それを社会やマスコミが容認するかがポイントです。

第三の原因は消費者です。メーカーが作るほんのわずか改良された新製品を、消費者が買っています。また、全体はほとんど傷んでいないのに、ちょっと故障しただけで買い換えています。

消費を促進する社会システムもかなり精密にできているので、製品を修理するより買ったほうが安いときもあります。これこそ「分離工学の原理」が働いている証拠で、壊れても自力で直せるのならせいぜい千円程度ですむのに、修理工場へ運ぶと万円単位になります。移動とその間の手間という名の活動の大きさを示すものです。

家電製品でも自動車でも壊れるところは決まっています。もちろんメーカーのほうはそれを把握しているのだから、消費者さえその気になって、修繕が容易なメーカーのものを買えば、一度に雰囲気は変わるでしょう。

減産によって日本が貧乏になることはありません。二一世紀は物質が貴重になる世紀なので、できるだけ物質が少ない状態で生活しうる国が、国際競争力を高めます。そして、国民の意識が変われば、工業製品も雑貨類も消費量は半分以下になります。少なくなった廃棄物をすべて焼却することによって、きれいで簡単で、資源を有効に利用できる日本が誕生するでしょう。

解答の三——日本の気候と風土を活用する

明治十九年（一八八六）、できたばかりの帝国大学で、大鳥圭介はこう演説しました。
「吾人亜細亜洲人ハ何故ニ欧羅巴《ヨーロッパ》洲人ニ及バザルヤ」

そして自問自答の形で、次のように答えるのです。

「地積ノ大小ヲ問ヘバ、亜細亜全洲ノ面積ハ幾《ほと》ンド欧羅巴ノ六倍アリ。人口ノ多寡ハ如何。亜細亜全洲ノ人口凡《およそ》六億、欧羅巴ノ人口凡三億ニテ、即《すなわち》二倍ナリ（中略）」

そして、

「然ラバ、版図ノ大小、人口ノ多寡、開闢ノ時代ニテモ亜細亜洲ガ一番ナルベキニ、何故ニ亜細亜人ノ領分ガ欧羅巴、亜米利加、亜弗利加《アフリカ》、豪斯多利亜《オーストラリア》ニ無クシテ、却《かえっ》テ亜細亜、亜弗利加等ノ国々ハ欧羅巴人ニ掠略サレシヤ」

アジアはヨーロッパより面積で六倍、人口で二倍もあるのに、ヨーロッパに蹂躙されている、その理由は？　と問い、ハングリー精神で勉学に励み、西洋文明を早く自分のものにしなければならない、と訴えているのです（『東京学士会院雑誌』八編三冊）。

まさしく、その通りでした。幕末、明治初期の日本の指導層はいち早く西洋文明を取り入れ、同化し、植民地化を防ぎました。優れていたのは指導層ばかりでなく、民衆や技術者もそれに応えました。幕府の官吏、永井尚志《なおむね》は、海軍伝習所で軍艦スームビング号の訓練を担当していて、軍艦を実戦に使用するためには、その操舵ができるだけではなく、絶え間なく起こる破損や故障に対処できる力も必要なことを知りました。これが日本最初の造船所である「長崎造船所」ができるきっかけとなったのですが、実際に飽《あく》の浦《うら》に機械工場を建設してみると、大きな困難が待ちかまえていました。オランダから主要な機械を持ち込んできたものの、日本には工具も補助的な器具もほとんどなかったので、何か必要なものがあるとオランダまで取りに行かねばならず、とんでもなく非能率だったのです。

そんな状態で始まった日本初の重工業でしたが、一八五九年には観光丸のボイラーの取り替え工事ができるまでになりました。当時、ここを訪れたイギリスの軍医レニーは、次のように言っています。

「八月七日長崎の日本蒸気工場を見学。これはオランダ人の管理下にあり、機械類はアムステルダム製であった。所内の自由見学を許されたわれわれはすみずみまで見て廻ったが、なかなかの広さであった。そして、この世界の果てに、日本の労働者が船用蒸気機関の製造に関する種々の仕事に従事しているありさまをまのあたり見たことはたしかに驚異であった」（武田楠雄『維新と科学』岩波新書）

このようにして明治維新の荒波を乗り切った日本は、まっしぐらに富国強兵、殖産興業へと走り、東洋で唯一、西洋諸国と肩を並べるまでになったのです。しかし、その代償は払いました。日本の優れた風土と文化を捨てなければならなかったのです。今や私たちは、かつての日本がどのように優れていたかを思い起こすことすら困難になりました。

そのことを、幕末に訪れた外国人の一人、スイスの遣日使節団長アンベールが記した当時の日本の描写に見てみることにします。

「若干の大商人だけが、莫大な富を持っているくせにさらに金儲けに夢中になっているのを除けば、概して人々は生活のできる範囲で働き、生活を楽しむためにのみ生きていたのを見ている。労働それ自体が、もっとも純粋で激しい情熱をかき立てる楽しみとなっていた。そこで、職人は自分のつくるものに情熱を傾けた。彼らには、その仕事にどのくらいの日数を要したかは問題ではない。彼らがその作品に商品価値を与えたときではなく（中略）かなり満足できる程度に完成したときに、やっとその仕事から解放されるのである」（渡辺京二『逝きし世の面影』葦書房）

明治以前、つまり西洋文明が入ってくる前の日本人は、本当の人生というものを知っていたと描写されています。このころすでにヨーロッパでは産業革命が成熟期を迎えていましたが、庶民の生活は苦しく、ロンドンの悲惨な労働者の生活はエンゲルスなどによって詳細に伝えられていました。

もっともヨーロッパにも日本の職人のような人がいました。イギリスの貴族キャベンディッシュ（一七三一～一八一〇）は万有引力定数の測定や水素の発見をした偉大な科学者でしたが、その画期的な成果を発表すれば大変有名になるからといくら友人が勧めても、キャベンディッシュは全く関心を示さなかったといわれています。彼は万有引力定数そのものに興味があったのであり、それを発表して有名になろうとは思っていなかったのです。

ヨーロッパにも素晴らしい人物がいたけれど、多くの人たちは人生の目的を「金」とか「物質」においていたようで、日本の庶民のように本当の人生の目的や豊かさを知ってはいなかったようです。

長崎海軍伝習所の教育隊長であったオランダ人カッテンディーケは、同じころの日本をこう記録しています。

「日本人が他の東洋諸民族と異なる特性の一つは、奢侈贅沢に執着心を持たないことであって、非常に高貴な人々の館ですら、簡素、単純きわまるものである。すなわち、大広間にも備え付けの椅子、机、書棚などの備品が一つもない」(前掲書)

たしかに、日本人はお金や家具などに驚くほど執着していなかったのです。その点は、ヨーロッパの人たちと全く違ったばかりでなく、他の東洋諸民族とも異なる特性だと、彼は驚いていています。ヨーロッパ中世の封建時代、王族の居城はきらびやかな調度品で所狭しと飾られていました。それは、現世の幸福は現世の力と富によって決まるというヨーロッパ流の明確な意識が、形となって現れたものだったといってもよいでしょう。アジアの諸国はヨーロッパより全体的には質素でしたが、それでも階級制はしっかりしていました。たとえば中国の天子は巨大な城で豪華な生活をしていたのです。

そうした中、比較的大きな国としては、日本だけが異色だったようです。

伝統的な日本の文化といっても、純粋に日本独自のものは少なく、中国を初めアジアの国々の影響を受けていたし、仏教、儒教など人々の生活の規範となる宗教も、インドや中国からもたらされました。それでも、日本の文化は独特の色彩を帯びていました。「茶器一個に国一つ」「俺一つの人生」といった表現で残されている多くの言葉は、日本人は「もの」が人生にとって重要ではなく、価値が低いと考えていたことをよく示しています。「ものに価値があるわけではない。むしろものは汚いもの、必要ないものであり、本当の人生はお金とかものとかを離れたところにこそある」と感じていたのです。その感覚は儒教や仏教と関係があるともいわれていますが、著者は日本の風土が自然に日本人の感性として育ててきたものではないかと感じています。

世界地図を注意深く見ると、「北半球にある温帯地方の大きな島国」といえば日本だけです。これは驚くべきことで、夏はかなり暑いけれど熱射病で死ぬほどではなく、冬は寒いけれど凍死するほどではなく、一年のおおかたの季節は過ごしやすい、という国は、実は世界でもまれなのです。

人間誰しも、好きなところに住めと言われれば、一番気候の良い温帯で、他国に攻められる危険が少ない島国を選ぶでしょう。熱帯に住む人は一年中うだるような熱気に囲まれ、しかもマラリアなどの病気に襲われる人生を送らなければなりません。北方の国では、少し間違えば凍死したり、作物ができない辛さを経験したりしなければなりません。このような厳しさは隣国との戦争を生み、世界は悲惨な歴史を繰り返してきたのです。

また、島国である利点は、攻められにくいということにだけあるのではありません。四方を海で囲まれているので寒暖の差が小さく、海の幸もふんだんに得ることができます。

日本の風土の三番目の利点は、「島国」という特殊な環境から生まれた超安全社会であることです。

日本は犯罪の少ない国で、都会では夜十一時を過ぎても、電車の乗客に若い女性のほうが多いこともあります。犯罪率を比較すると、アメリカにおける年間の殺人件数は一万八千件、検挙率は六六パーセントであるのに対し、日本は殺人件数で十四分の一の千三百件、検挙率は九五パーセントです。

アメリカが危険な国であることはよく知られていますが、他のデータからも、日本はヨーロッパより、さらに数倍も安全といわれています。

日本が世界で飛び抜けて安全な国であることは、ほかにもいろいろな証拠があります。その一つが「自動販売機の防御」です。

日本には自動販売機が多く、それが大量消費の一つの悪しき現象だと批判されていますが、少し見方を変えれば、日本ほど無防備に自動販売機が設置できる国は、世界でも珍しいのです。

日本の自動販売機は、商品を美味しく見せるための、メタクリレート樹脂でできた透明のカバーで、ショーウィンドウのように覆われています。ところが、この美しい樹脂が自動販売機にそのまま使われているのは日本だけで、外国では使えません。なぜなら、メタクリレート樹脂はきれいですが、ハンマーで打ち壊せば簡単に砕けるからです。

日本の自動販売機は「酔っぱらいが長靴で蹴ったり傘で叩いたりしても壊れない程度の防御」を考えていればよいのです。つまり、自動販売機からジュースを盗もうと計画的にハンマーを持ってくる人は、日本では想定しなくてよい。日本人は「思いつき」や「酔っぱらってのでき心」で自動販売機を襲うことはあっても、計画的には自動販売機を壊さない世界でも珍しい国民なのです。

これがアメリカでは、メタクリレート樹脂など全く使えないどころか、無防備の自動販売機を置こうものなら、いっぺんに壊されるか根こそぎ持っていかれます。アジアの国々では、簡単な防御を施せば、自動販売機ごと盗まれたり、グチャグチャに壊されたりはしませんが、部分的には壊されて飲み物や売上金が奪われます。

社会が安全であることは、環境や資源を守るのにとても役立ちます。家の防御は軽微ですみますし、わざわざ厳重な鍵をかける手間も省けます。「夜は出歩けず、一人でいると危ない」社会に比べれば生活の制限も少なく、警備などに余計な負担も要りません。おまけに第二次世界大戦という大きな犠牲を払って軍備も最小限になっているので、国際的な関係でも安全面の投資が少なくてすんでいるのです。

このように、本来の日本は「気候が温暖で四季の変化に富み、四方は海に囲まれ海産物に富み、中央に山があるので水は豊富できれいで、そうした風土の中で、穏やかで物に執着心をもたない国民が生活し、しかも世界一安全な国」なのです。この素晴らしい特徴を環境を守るのに役立てるのは、意義深いことだと思います。

今や私たちは、不必要なほどの製品や食物に囲まれ、それらを十分堪能する時間もないのに、まだアンケートには「生活が苦しい」と答える、そういう国民になっています。

もし、日本人が昔のようにものに対する執着心をもたず、美しい自然を活かす生活を始めたとしたら、どうなるでしょうか？

まず、日本の気候に適した住宅を作るでしょう。日本の従来の住宅は恵まれた自然を巧みに利用していました。その建設にかかるエネルギーは、西洋風住宅と比較して十分の一程度であるといわれています（武田邦彦『「リサイクル」してはいけない』青春出版社）。日本のような気候の中にいて、何も厳しい自然に対抗するヨーロッパ風の住宅を建てることはないのです。

最近の都市部はヒートアイランドといわれます。ところで、エアコンは「クーラー」とも呼ばれます。たしかに自分を冷やすという意味ではクーラーですが、他人を暖めるという意味では「ヒーター」です。「都会では最近、真夏に地域暖房をつけている」という言い方は当を得ています。暑い夏に暖房をつけてさらに気温を上げ、暑い暑いと言って、また暖房をつけ、それで電力が足りなくなり、原子力発電所を造り、反対運動が展開されるのですから、奇妙な社会になったものです。

もともと日本の気候では、厳冬期や北海道の冬を除いては、完備した冷暖房など不要です。都市計画をしっかりして風通しを良くし、木陰を作り、冬は断熱性の高い衣服で、夏は簡単な半袖シャツで過ごせば、電力消費も格段に減ります。原子力発電が危険だとか、風力発電が環境に良いなどと言う前に、電力消費量そのものを減少させればよい。

家の中を見渡しても、ところ狭しと家具が並んでいます。いつの間にか住居は家具に占領され、人々はソファの間を縫うように歩いています。日本の伝統と風土は家具を追放していました。ガランとした部屋には融通性があり、庭に向かって戸を開ければ広々とした空間に風が通っていました。簡素な生活の中には本当にしたいことをする時間があり、人のふれ合いもあったのです。

玄関や庭の戸が開いていても犯罪の少ない社会では、まれにしか事故は起こりません。現在でも日本社会の安全はかろうじて確保されています。それを大切にして、ゆっくりした気持ちの生活を送りたいものです。

ところで、優れた日本の気候と風土を、根本から大規模に壊す計画が進んでいます。日本の高度経済成長は六〇年代から始まり、七〇年代に終わりました。その間、建設された多くの建物は二一世紀の初頭に順次寿命がくるので、ビルの建て替えなどで膨大な量の建築廃材が出ることが予想されています。この建築廃材を持っていくところがないので、法案を作ってリサイクルしようという計画が持ち上がっています。

建築廃材のリサイクルには、不法投棄の横行、廃棄物処理場の限界、埋め立てによる環境破壊など多くの問題があり、このテーマ一つで一冊の本になるほど重要ですが、ここではそうしたリサイクルが日本の風土を壊し、日本の将来に強力なダメージを与えるであろう点に焦点を当て、解説してみます。

建築廃材中で主力を占めるコンクリート廃材は、簡単にいうと「石」(砂利)と「モルタル」(石灰石と砂利の混合物)の部分に分かれます。石自体はほとんど劣化しないので再利用できますが、モルタルは石灰石と砂利が混じって固まるときに化学構造が変化するので、再利用はできません。したがって、回収して石を取り出し再利用するためには、コンクリート廃材を破砕して叩き、石のまわりについているモルタル部分をそぎ落とさなければなりません。しかし、砕いたコンクリート破片から一つ一つの石を磨き出す、などというような作業はできません。廃材の処理をそれほど丁寧に行うことは、経済的にも環境的にも不都合だからです。その結果、リサイクルされた砂利の表面には、モルタルが付着しているということになります。

そんな砂利を新しいコンクリートに使うと、強度が半分になります。なぜなら、すでに説明した「応力集中」という現象が起こるからです。砂利の表面のモルタルと新しいモルタルの間の接着が不完全になり、そこが亀裂になり、外部からの力がそこに大きく集中して、破壊の原点になってしまうのです。

ビルやトンネルなど人の命を預かる大切な建造物には、信頼できる材料しか使えません。山陽新幹線のトンネル壁落下事故のように、新品の骨材を使用していても、少し雑な施行をしたり粗悪な材料を使用したりすると、大惨事になる可能性があるのだから、大事なところに応力集中が起こるようなリサイクル材料を使用するわけにはいきません。

どうしてもリサイクルしようとすれば、勢い「路盤材や山崩れ防止用に使う」ということになります。

現在コンクリートは、主にビルや橋梁、トンネルなどに使用されていますが、これをすべて薄くばらまくと、日本の平野の六分の一ずつが毎年覆われていくという恐ろしいことになります。やがて私たちは、無味乾燥なコンクリートに覆われた、土の見えない国土に立ちすくむことなるでしょう。

建築廃材のリサイクル計画は、不当投棄を防止し、埋め立てに対するアレルギーを回避しようとした結果でもありますが、実は「埋め立て」とは「廃材を一カ所に貯蔵する」ということであり、「リサイクル」とは「広く日本にばらまく」ということなのです。質量保存則によって物質は消滅しないので、廃材は「日本のどこかにある」ということを、私たちは忘れてもいけませんし、覚悟もしなければならないと思います。

解答の四――「情報」の物質削減効果を利用する

日本の気候、風土に合った文化を取り戻すと、それだけで物質とエネルギーの使用量が大幅に減ることがわかりました。しかし、残念ながらそれだけでは、日本の自然の循環力に見合う循環型社会にはならないような感じがします。ラフな計算しかできませんが、物質の使用量をせめて現状の三分の一、できれば十分の一程度にまで減少させる必要があるのです。

その可能性を次に探りたいと思います。

携帯電話が急速に普及してきました。日本の携帯電話の台数は、あっという間に五千万台を超え、今や国民のほとんどが持っているといってもおかしくないような状態になりつつあります。その普及の速度は、これまでの家電製品や自動車などのそれとは全く異なります。

なぜこんなに急激にみんなが携帯電話を持つようになったのかという質問を投げかければ、多くの人は「便利だから」と答えるでしょう。たしかに携帯電話はこれまでの電気製品やＯＡ機器とは違う感じがします。いくらファックスや電子レンジができても、便利は便利ですが、置いてある場所は限定されるし、特別な場合を除いて家族や職場のみんなと共用します。ところが携帯電話は自分だけのもので、しかもどこにいようと関係なく、友達と話をしたり仕事の打ち合わせができたりします。

この携帯電話を「環境と資源」という意味でみると、違うものにみえてきます。

これまでの電話には電話線が必要で、その電話線のおかげで家や会社に電話機が入り、街角に公衆電話が設置されました。日本のように工業化され、人口密度が高い国では、公衆電話をあちこちに置き、便利に使うことができますが、発展途上国ではまだまだ十分には整備されていません。ただそうした国々でも、経済力が上がるにつれ、当然電話が必要になります。

とはいえ、中国のように国土が広大で人口が多い国や、中央アジアの国々のように広い地域に人がまばらというところでは、一口に公衆電話を設置するといっても容易な作業ではありません。しかも、電話の必要度という点では、日本のように狭い国よりも広大な国のほうが切実であるともいえるのです。

さて、仮に発展途上の国々が経済力をつけ、いっせいに電話を設置し始めたら、一体どういうことが起こるでしょう？　世界中で膨大な量の電話線が作られ、たちまちのうちに銅がなくなり、その他の公衆電話に使われる材料にも困り、集金にあたる人たちにも大変な労力がかかるでしょう。

つまり、世界中が①電話は便利だ、②どんどん電話を引こう、③それには電話線（銅）がいる、④銅の資源がなくなる、⑤銅鉱山の周りの汚染が酷くなる、⑥銅をリサイクルしよう、⑦リサイクルすることでますます物質やエネルギーを使う、という悪循環に陥るのです。

ところが、携帯電話はそうした悪循環を解決します。銅がなくても電話ができ、環境資源面の問題が起こりません。こうした携帯電話と環境の関係は、思考の転換という意味で示唆に富んでいます。

また、携帯電話の出現は、「物質と情報」という大きな課題にも解決の糸口を与えています。大昔は小高い山の頂上から「のろし」を上げたり、人間の脚を使った飛脚で通信を交わしたりしました。少ない情報量の伝達に大変な労力をかけたのです。その点からもグラハム・ベルの電話の発明は素晴らしいもので、人類はいつでも瞬時に遠くにいる人に情報を伝えることができるようになりました。

電話が発明されてからすでに百年以上経っていますが、「電話機と電話線と電話交換機」という「物質」の組合せには、それまでの通信手段と比べれば、膨大な「情報量」が含まれています。電話という「物質」が伝えることのできる情報量と、のろしや飛脚という「物質」のそれとはけた違いで、伝達の効率という点で、電話という「物質」は「情報」のかたまりといっていいわけです。仮に、電話で伝えるのと同量の情報をのろしや飛脚で伝えるとしたら、どれだけの火を起こし、どれだけの人間が往復しなければならないか、想像してみるといいでしょう。

つまり、人間の活動を支えるものは、決して「物質とエネルギー」だけではなく、情報も、それらの活動を数倍にする価値を付与しているということがわかります。これを「物質―情報当量」と呼びます。「当量」とは、質的に異なってはいるけれども人間の活動に同じ効果を与えるものを、同一尺度で比較するための単位です。

「物質―情報当量」を使って、循環型社会を整理してみます。

一九七二年から一九九八年までの間では、鉄一トンに対して十ギガビット、つまり鉄一トンが社会に与える影響と情報十ギガビットが同じであることがわかります。この二十六年間で、鉄の生産は伸びていませんが、日本社会全体の経済規模は情報分野の進展で増大しています。ごくおおざっぱにいえば、増大分の情報ビット数とそれを鉄に置き換えた場合の重量とをイコールとすれば、右のような当量関係が得られるのです。鉄一トンが十ギガビットに当たるというのは、集積回路の集積度が現在より少し上がって十ギガビットになった場合、その小さな一チップが鉄一トンと同等の効果を社会に与えるということを意味しています。一チップを仮に十グラムとすると、物質の使用量は十万分の一になり、物質と文化の関係に革新的な変化を与えるでしょう。

すでに情報革命が始まり、明確にこのような傾向が現れています。たとえば、銀行の窓口業務の多くは無人の現金出納機になりました。無人化は経費節減や人件費抑制のためと捉えられがちですが、環境面からみると、今まで数人がかりで多くの伝票や計算書類を要し処理していたことを、たった一つの機械で、しかも数倍の処理能力をもってこなすのだから、これも「物質—情報当量」による物質削減の効果です。

じっくり目をこらせば、こうした例は数限りないくらいにあります。現代日本はそれによって高い活動力を保っているとも考えられます。しかしながら、依然として経済成長率やGDPの計算では、物質生産を基準に計算が行われています。そのために、物質の生産が落ち込むと不景気になったという判断が下されますが、現実にはすでにビットが物質のキログラムに代わりつつあるのです。

ビットは人間生活に対して格段に効率が高いので、同じ当量での社会的負荷が小さく（つまり物質やエネルギーを消費せず）、結果的にGDPの伸びには反映されていないといえます。GDPの計算方法が古いということ自体はさして問題ではありませんが、GDPが上がらないので

「景気を回復させるためには物質生産量を上げなければならない」という結論になるのは問題です。

私たち人間はなぜ百獣の王ライオンより強いのでしょうか？　筋骨隆々として運動神経も人間とは比べものにならないけれど、人間に捕らわれて檻の中にいること自体、理解できないのがライオンです。弱い筋肉と鈍い運動神経しかもっていないのに、人間がライオンを支配できているのは、「知恵」つまり「情報の力」に他ならないのです。

情報は力であり、物質でもあります。それならば、これまで物質を中心として構築されてきたこの世界を、ビットを中心に組み立て直せばよい。ビットの技術は、地球の資源や環境が破壊される前に、私たち人類にもたらされた贈り物なのかもしれません。

ただ、注意しなければいけないのは、今はまだ二〇世紀の感覚が残っており、情報が「効率を上げる」という視点からのみ捉えられがちだということです。情報を間違って利用すると、物質の処理能力が上がり、それによって全体の活動速度が向上し、今度は速度の向上が原因となってさらなる資源の浪費を招くという、逆の効果がみられることもあるのです。

情報が私たちの生活に大きな影響を与えるようになったのは最近のことなので、まだ私たちは正しく情報のもつ意味を把握できていません。ただ、これからは「物質—情報当量」関係を活かすことが大切なのは確かです。また、本著では詳しく示しませんが、遺伝子工学などのいわゆる「バイオ」の世界は、物質と情報が巧みに組み合わさったもので、これを人間が利用し、環境との適合に応用しようとしていることは、とても深い意味があるように思います。生命工学は情報工学と同質のものとして捉えるべきでしょう。

6・3　二一世紀を迎えるために

私たちは毎日毎日、営々と働いています。サラリーマンは朝ご飯を食べたら駅まで急ぎ、満員電車に揺られてオフィスにたどり着きます。やっと手に入れたマイホームから一時間半、家を出るときにはぱりっとしたシャツを着ていたのに、夏だとすでに汗で濡れています。そして、上司やお客さんに怒られながら一日を終えます。

家庭の主婦もノンビリとはしていられません。子供の塾のこと、姑のこと、学費のことなど頭の痛いことだらけの上に、ゴミは分別して出さねばなりませんし、環境ホルモンやダイオキシン、食品添加物から遺伝子組み替え食品まで気にしながら、アルバイトに出勤です。

父親から引き継いだ商売をやっと軌道に乗せた人も、また同様です。右肩上がりの時代には安定した顧客もありました。それが、まさかと思っているうちに取引銀行は危なくなるし、納入先も倒産が噂されています。この仕事を十年先もやれているのか、息子は東京にいるし、そうかといって、つきあいのゴルフも欠かせない………。

もちろん、大人だけではありません。最近では街角で子供の姿を見かけなくなりました。かつては路地で男の子が元気に走り回り、女の子が縄跳びをして遊んでいたものですが、いったい、子供たちはどこに行ったのでしょう。

日本中があわただしく生活しています。一昔前より収入は増え、食べるものも十分、アルコールも飲み放題といってよい状態なのですが、何か不安におびえ、駆り立てられるようにして生活しています。

いっときたりとものんびりとしてはいられない感じです。今や日本は世界に開かれた経済活動をしているので、常に効率を向上し経済を成長させ続けなければ、急激に不景気になり、失業が増え、この繁栄を手放さなければならないかのように思えるからです。

そんな中で、「自然に帰れ」「環境を守れ」と言われても、また、それに共感は覚えても、徹底的には生活を切り替えることはできません。自然に帰ること、環境を守ることはたしかに大切ですが、それより目の前にある生活をどうするのか、その解答がなければ、おいそれと自然に帰れという誘いに乗るわけにはいきません。ときには、自然の中で悠々と生活をしているうらやましい人がテレビで紹介されたりしますが、その人は生活の基盤をしっかりもっていて、自分とはあまりにも境遇が違い参考にならないのです。

せめて目の前のゴミを分別し、リサイクルに参加して自己満足するしかない。それが欺瞞的行動でも、最終的な解決策が与えられていない限り、この堂々巡りから逃れられません。将来が明るくみえる情報革命ですら、わが身に引き寄せれば今より忙しくなりそうだし、第一、さらに無味乾燥な世界に追いやられそうな気もします。

三つの準備

さて、以下、多少繰り返しにはなりますが、本著の論旨をまとめてみることにします。私たちはまず、継続的な経済発展を唯一の目的とする今の生活から、抜け出さなければなりません。目の前にある個別の問題さえ解決すればよい、といった個別主義を改め、少なくとも二十年くらい先までは考えて、論理的で冷静な議論を進め、全体を俯瞰しなければなりません。

しかし、そこまでだと、まだ解決のための一つの過程にとどまっているに過ぎません。私たちはさらに深い思考を巡らし、より本質的なところに目を向けなければ、本当の未来を獲得することはできないでしょう。以下はそのためのスケッチです。

まず、二一世紀の循環型社会はどうあるべきか、その結論を得るために、いくつかの大事なポイントを準備しました。

まず、第一の準備は「資源と活動力」の関係です。私たちの活動は、自然の効率の原理を示す「熱力学の法則」の制約を受けています。人間活動ばかりでなく、自然も宇宙も同じ法則のもとにあります。すなわち、「活動をするには物質とエネルギーが必要である」ということ、「何らかの活動をして、何も廃棄物が出ないことはあり得ない」ということです。日本には多くの学者がいて、日本学術会議もあるのに、ゴミゼロ工場とか、ゼロ・エミッションという術語が堂々と使われているのは不思議です。

この二つの原則は簡単なものですが、つい最近までほとんど意識されていませんでした。それは、人類が誕生以来、物質とエネルギーの供給は無限であるとして活動してきたからです。本著で述べたように、二〇世紀の半ばに人間の活動は自然の活動と肩を並べ、それ以降は物質とエネルギーの供給は無限ではなくなりました。それを「資源の枯渇」といい、自然による廃棄物の処理が追いつかないことを「環境汚染」というわけですが、それでも、社会、特に経済活動の領域では、未だに供給側を無限と考え、その前提のもとで永久的な経済成長を目標としています。

リサイクルや環境保護関係の活動をみていると、「エントロピーの増大」といってもよいのですが、熱力学が規定する「物質供給と活動量の関係」がわかっていないのではないかと思えます。もちろん、物質量はそのままで、今までムダにしていたものを有効に使うといった工夫を重ね、活動量を上げることは可能です。しかし、彼らの活動は、「ムダにしているものを役に立てる」と言いつつ、実は物質供給量を増大させることに躍起であるように感じられるのです。

たとえば、デポジット制を導入したり、税金を投入したり、「自分で使ったものの始末は自分でしなさい」と言って消費者に分別させたりするのは、「ムダにしているものを役立てるために、新たに資源を投入せよ」と言っているに等しいのです。仮にデポジット制を採用することによって特定の物質のリサイクルができるようになったとしても、それは社会システムの問題であり、自然からみれば、誰が負担しようと環境を汚している程度自体が変わるわけではありません。「リサイクルを進めるためには、もっと国民に環境に対する関心をもたせなければ」などと言う人がいますが、言っている本人にこそ、もっと全体的なことに関心をもってほしいものです。

結論を得るための第二の準備は、私たち人類の活動を制限する最終的なものは「太陽の光の量」であること、それ以外のものとしては「遺産」と「核融合」の二つしかないということです。石油、石炭、鉄鉱石などは、「遺産」である以上「持続性」とは矛盾するので、その使用量を無限小にしなければならないのは当然です。

ただ、核融合だけは別です。

二〇世紀になって原子核の反応が発見され、太陽が輝いているのは核融合を行っているからだとわかりました。それを地上で行おうという試みが核融合炉です。

原子力エネルギーに対する反対運動があります。反対の理由は安全性が確保されていないことや、原子力という地上にないものに対する不安などです。たしかに原子力を使わないというのは一つの見識です。自然が与える物質やエネルギーの範囲で生活をすると決意すれば、別に原子力エネルギーを使わなくてもよいからです。しかし、同時に決意は必要です。「私たちは原子力は使わない。その代わり、太陽の光が与えてくれる生活以上は望まない」と。

ところが、現在はまだ石油その他の「遺産」があるので、欲が出て、つい使いたくなります。そして、本当にしなければならないことがわかっていながら、それを横に置いて議論をするので、論旨が混乱し、不毛な原子力論争が残るのです。

核融合炉を使えば、太陽のエネルギーとも遺産とも独立したエネルギーを手にすることになるので、事情は異なってきます。ただし、核融合炉を使うことによって発生する熱は、地表から宇宙に出さねばならないので、地球の温暖化は避けられないでしょう。少し難しい議論になりますが、地球が温暖化し、地球から宇宙へ出る熱が多くなれば、地球全体の活動量を上げることができます。

核融合を使わずに持続性社会を構築するには、太陽の光の範囲で生活することになるのですが、それがどのような生活かは、すでにおおよそわかっています。私たちは現在の生活を縮小しなければなりません。

ただ、自然に代わって人間が行う廃棄物の回生が、自然より効率的であれば、現在の活動を継続できる可能性はあります。もちろん、その際「そのときにも人間が使うエネルギーは太陽の光に限る」という制限は加わります。現在の循環型社会に関する一般的な議論のように「そのときも遺産を使ったらいいじゃないか」というのでは解決にはなりません。

結論のための準備の第三は「視野の広さ」です。

すでに本著で示した「クーラー」にまつわる矛盾が、教材として一番、適しています。「あなたは最近、真夏に暖房をつけていますか?」と聞かれて、すぐその意味がわかり「つけていますす」と答えれば、準備の第三はほぼ卒業です。

自分が注目し意識している一つの対象、つまり「系」の能率を高めようとすると、「系」と「系」の外側を含む全体は損失を受けます。たとえば、地球という「系」で活動が行われると、発生した熱は「系」の外の宇宙へ放出しなければならず、それは宇宙全体でみると損失になるということです。地球が活動の効率を上げようとすると、宇宙の損失は増加します。クーラーであれ地球であれ、一つの「部分」で効率が良くなると、「全体」は損失を被るのです。

長い間、「効率を改善する」ということは「進歩」でした。たとえば、新幹線の速度が上がり、東京から大阪に行くのに三時間かかったのが二時間半になれば、「乗っている人」の効率は上がります。それを現在まで「改善」と捉えてきました。「新幹線の速度が上がる」現象が「改善」であるのは、物質やエネルギーの供給が無限である場合、つまり外界が宇宙の彼方まで開放されている場合です。

このような二〇世紀的思考から離れ、「地球環境的」に考えてみます。

新幹線が速度を上げると、新幹線程度の速度領域では、速度の三乗近い比率でエネルギーの使用量が上がります。したがって、乗っている人は三十分だけ早く大阪に着きますが、そのために電力会社は多くの電力を供給しなければならず、電力会社の社員はより長時間の勤務が必要になります。また、速度の上昇とともに振動が増え、力のかかり方も大きくなり、車体の損傷が早まるので、鉄鋼会社は多くの鉄板を製造し、加工会社はそれを加工しなければなりません。

こうしたスピードアップは、自然から物質が無限に供給されるという条件下では、経済成長という点で望ましいことでした。しかし、地球環境的に考えれば、東京・大阪間の移動を三十分速くすると、一つの系、つまり新幹線に乗っている人の効率は上がるけれど、日本全体の物質の使用量は上昇するということになります。

このような「部分的な効率の向上」と「それが全体にもたらす不可逆部分の増大」という矛

盾には、さらに考慮しなければならない副次的な課題があります。これらの課題はここまでに整理してきた三つの準備より小さい影響しかもちませんが、それでも考慮に入れる必要があります。

第一は地域性です。地球環境を考えるとき、目を「日本」に絞るか、あるいは「世界全体」から捉えるかという問題です。私たち人類は皆、等しく幸福な人生を送る権利があるとすると、地球環境問題を人類レベルで考える必要が出てきますが、すでに今でも世界の人たちは全く異なる生活をしています。アメリカ人は物質やエネルギーをふんだんに使って豊かな生活を送っているし、アフリカの人はその数十分の一の物質やエネルギーしか消費していません。そして、アメリカ人が二酸化炭素による地球温暖化の危険を叫び、アフリカは静かに環境を守っています。

日本は先進国の一つで、世界の平均からいえば、飛び抜けて物質とエネルギーを使用しているし、食料は半分近くを輸入し、半分近くを捨てているともいわれています。したがって、もしアメリカ人や日本人が世界全体のことを考えるなら、今すぐ現在の生活をすべて放棄しなければなりません。しかし、それは現実的な解決策とはいえないでしょう。

第二は、環境に国境が意味をなさないということです。環境保護の政策については国境がありますが、空気や水は勝手に環境を越えて移動します。日本は島国なので他国の影響を受けにくいのですが、ヨーロッパでは他国が汚した川が自国に流れてくることがしばしばです。環境を一カ国だけで考え処理するのは難しい点があるのです。

著者はこれらのことを総合的に考え、私たち日本人はまずは「日本のことだけ」考えたらよいと思います。そうすると、日本の気候や風土を積極的に利用できるし、二酸化炭素による地球温暖化などは、比較的軽く考えることもできます。

第三は、これからの学問である情報やバイオなどが、物質を中心に構築されてきたこれまでの社会の構造を、どの程度変化させうるのかということです。たとえば、情報技術の発達で、離れたところにいるはずなのに、まるで友達がそばにいて、一緒に食事しているような感覚が味わえる、といった、さながらSFの世界のような状態が可能になるかもしれません。移動手段がすべて「物体」から「電子」に代わると、物質やエネルギーの使用量は極端に減少します。仮にそうなったら、循環型社会など考える必要がなくなるかもしれません。

また、バイオ技術が素晴らしく発展して、生命を殺《あや》めないで食料を得ることができるようになれば、食料確保にほとんど物質やエネルギーが不要になり、食料供給の不安もなくなります。このような進歩も、環境問題や循環型社会の議論を大幅に変えるでしょう。

一九世紀が終わろうとする一九〇〇年十二月、アメリカの特許庁長官は「すでに人間が発明するものはすべて発明された。今後はそれをどのように利用するかだけになるだろう」と演説しました。その直後、ライト兄弟は飛行機を発明し、アインシュタインは相対性原理の論文を発表しました。その後の二〇世紀の発明発見をみれば、この長官の予測は全く当たらなかったことがわかります。

未来を予測するのは難しいことです。卓抜な学者マックス・ウェーバーは『職業としての学問』の中で、「学は自ら時代遅れになることを望む」と記しています。このウェーバーの述懐のように、もともと学者・研究者は、常識をひっくり返すために日夜、励んでいるのだから、現在認められている論理も、いつかはひっくり返ることがあるのです。このことは常に私たちの頭の中に入れておくことが大切で、それによって少なくとも他人の意見に感情的にならなくてすみます。

ノルマを捨てよう

循環型社会を考える準備が終わりました。最後に、循環型社会の論理をまとめてみようと思います。

ヨーロッパ中世のゲルマン社会の倫理にみられるように、現実感のある社会においては一人一人の行動ははっきりと五感でとらえることができ、共同体を運営する簡単な原則を定めることができたといわれています。たとえば、ゲルマンの社会では「誠実」という徳目がもっとも重要なものでした。現在の社会でも誠実さが大切であることに違いはないでしょうが、比較にならないほど軽くなっています。

五感でとらえられる社会では「不誠実な行為」は、その人を直接「生ける屍《しかばね》」にしましたが、現代社会では「不誠実な行為が許されないこと」と、「不誠実な行為をした人が社会的に枢要な地位に止まること」が両立します。文化が洗練されるとさまざまな理論が登場し、その構成員が感じている道徳や生活規範がそのまま有効にはならないのです。

この矛盾が最大限拡大して私たちに迫っているのが、現在の環境問題と循環型社会の議論でしょうし、本著の初めのほうに記した「両価性」も、これです。

さて、洋の東西を問わず、生産活動に精を出し、子孫を殖やすことは「善」でした。しかし、地球環境問題や循環型社会構築の議論の底に流れるものは、一生懸命に物を生産してはいけない、あまり子供を殖やすことは望ましくない、それほど生活が良くなることを願ってはいけない、というものです。これまで人類の基本道徳は、常に「産めよ、殖やせよ、地に満ちよ」であったのに、これはそれを百八十度反対に舵を切るようなものです。だからこそ、「ゆとりある生活」「豊かな心」などと言われても、「産めよ、殖やせよ、地に満ちよ」と比べると、抽象的でわかりにくいのです。

このような巨大な方向転換は、人類誕生以来の「無限の物質供給」という前提から「有限の

「物質循環」へと変化したことはすでに示しましたが、大きな転換なので混乱が予想されます。

すでに幾人かの偉人は今日を予想していたようです。トルストイは日露戦争が勃発したときに大いに悲しみ、新聞記者に向かってロシアと日本とが戦わなければならないことを憤慨しました。そしてその記者に、「今の私たちがエジプトのピラミッドを見て、なんてバカらしいものを造ったのかと思うように、千年後の人たちは地球の一点から一点へ限りなく速く行こうと懸命になっているわれわれの姿を滑稽に思うだろう」と言ったそうです。

インド独立の父ガンジーは、

「ヨーロッパの文明は少しでも多く、少しでも速くという文明だ。それは必ず限りがある。限りがあるということは有限だ。だからヨーロッパの文明は滅びる文明だ」

と言って、木綿を紡ぐ糸車を回し続けました。

工場は自動化と情報化で極度に人が少なくなり、私たちは労働時間の短縮に成功しつつあります。通信によって私たちは移動の時間を節約できるようにもなりました。そうして生まれたゆとりの時間を、私たちは人生のために使うべきだったのでしょうが、残念ながら人類誕生以来の不文律「産めよ、殖やせよ、地に満ちよ」を守り、その時間を「再生産」に振り向けたのです。そうした行為は、ガンジーが指摘しているように、際限のない生産量の増大へとつながり、寿命は長くなったのに人生は短くなり、物質は豊富になったのに生活は貧弱になったのです。

私たちは循環型社会の構築を考える過程で、効率を上げること自体が循環の負荷を増加させることを知り、効率を上げることによって生じた時間を再生産に振り向けることが、どういう結果を生んだのかを学びました。

ノルマを捨てなければなりません。

議員が何回当選と言うのを止め、省庁が縄張りをはるのを止め、大学が入学試験を止めれば、若い議員は活躍し、小さい政府は実現し、受験戦争はなくなります。もともと大学に入学試験がある国は、それほど多くはないのです。

工業はシェア争いを止め、本当に顧客が喜ぶ商品を提供します。学会は会員増加運動を止め、充実した発表と討論を学会員が楽しめるようにします。本来の目的を思い出し、すべての活動を簡素にします。

もちろん、環境問題でもリサイクル率に目標を置いたり、原理的に不可能なゼロ・エミッションに汗を流したり、意味のないリサイクル法や分別で、隣人を非難したりしません。

そして、ゆっくりと暮らさなければなりません。

ゆっくりリサイクルして人工鉱山を造り、日本の自然と風土を活かして少なく豊かに過ごし、身の回りのものは共白髪《ともしらが》まで丁寧に使い、そして、情報革命を活かして、さらに使う物質を減らすようにしなければなりません。そうすることで私たちは、本当の時間と人生を享受し、五感で幸福を感じ、子孫にこの美しい日本を残すことができるでしょう。

おわりに

人間は理屈に合わないことをしない、西洋はそう考えます。不幸と幸福では幸福が良い、貧困と富貴では富貴が良い、没落と繁栄では繁栄が良い、短命と長寿では長寿が良い、それは当たり前だと主張します。しかし、貧困と富貴で富貴が良いなら物質は無限に使われますし、短命と長寿で長寿が良いなら臓器移植に歯止めがなくなり、人口は無限に増加します。今や西洋文明は破局を感じ、西洋合理主義は次のような結論を下しています。

豊かになれば破滅するという矛盾を解決するには、西洋人だけが富を独占することだ。それによって合理性を保つことができる。

一方、東洋はこう考えます。

この世は矛盾に満ちている。不幸と幸福では幸福が良いが幸福は不幸である、貧困と富貴では富貴が良いが富貴は貧困である、没落と繁栄では繁栄が良いが繁栄は没落である、短命と長寿では長寿が良いが長寿は短命である、これが当たり前だと教えます。

私はこの著を記すに当たって、私自身が日本人であり、東洋思想をうちに抱くがゆえに、もしかしたら正しい結論に至ることができるかもしれないと感じました。それは驕《おご》りかもしれませんし、あるいは東洋が日本人にくれた贈り物なのかもしれません。

また、多くの人から貴重な示唆を頂きました。私は芝浦工業大学に奉職していますが、学長の江崎玲於奈先生、東京大学名誉教授の増子昇先生は、私に透徹した頭脳の存在を知らせ茫漠とした東洋思想を与えてくださいました。私の研究室の土屋敏明君、佐藤ふみさんを初めとした学生のみなさんには、矛盾した将来の扉を開ける力を感じました。そして、文春新書の嶋津弘章さんがこの本が世に出るきっかけを作ってくださり、多くの方のアドバイスと助力で完成まで漕ぎつけられました。感謝しております。

日本の将来は私たちだけのものではありません。子供や子孫のものでもあるとともに、決して豊かではなかった日本、他国の侵略に怯えていた日本をこのように豊かにし、守ってくれた祖先のものでもあると思います。

将来を真剣に考える人が一人でも多く本著に接する機会のあることを願います。

西暦二〇〇〇年九月九日

芝浦にて

武田邦彦（たけだ くにひこ）

1943年、東京都生まれ。東京大学教養学部卒業。旭化成・ウラン濃縮研究所長を経て、現在芝浦工業大学工学部教授。工学博士。専攻は資源材料工学で、人工的に作られた材料が呼吸をしたり代謝を行ったりする研究を主とする。著書に『分離のしくみ』（共立出版）、『「リサイクル」してはいけない』（青春出版社）、『「リサイクル」汚染列島』（同）などがある。

文春新書

131

リサイクル幻想《げんそう》

平成12年10月20日　第1刷発行

著　者　武田邦彦
発行者　東　眞史
発行所　株式会社 文藝春秋

〒102-8008　東京都千代田区紀尾井町3-23
電話（03）3265-1211（代表）

印刷所　理想社
付物印刷　大日本印刷
製本所　矢嶋製本

定価はカバーに表示してあります。
万一、落丁・乱丁の場合は送料小社負担でお取替え致します。

ISBN4-16-660131-8

山本夏彦
百年分を一時間で
大正四年生まれと平成の才媛の珍問答は時に爆笑、時にまじめ。花柳界から世紀末論争、「IT革命」まで、尽きることない面白さ
128

村上春樹・柴田元幸
翻訳夜話
なぜ翻訳を愛するのか、若い読者にむけて、村上・柴田両氏が思いの全てを語り尽くす。村上訳オースター、柴田訳カーヴァーも併録
129

南條竹則
ドリトル先生の英国
ドリトル先生の物語に語られる19世紀イギリス文化の様々を、英文学者の著者が楽しく紹介。かつて謎だったあの言葉もついに解明！
130

武田邦彦
リサイクル幻想
再生ペットボトルは新品より三倍以上資源をムダ遣い！ いまのリサイクルにどんな無理・矛盾があるのか、科学者からの批判と提言
131

宇野功芳・中野 雄・福島章恭
クラシックCDの名盤 演奏家篇
「魂が震えるような演奏とは？」その半生を感動の追求に捧げた三人が、名演奏家の「この一枚」を推薦。音楽を愛するひと必読の書
132

有森 隆
ネットバブル
インターネット関連業界にうごめく怪し気な「起業家」や、無責任な官僚やアナリストたちのしたことを白日のもとにさらす警世の書！
133

藤正《ふじまさ》 巖・古川俊之
ウェルカム・人口減少社会
少子化と高齢化がピークに達する21世紀社会は、本当に住みにくいのか。世界有数の老人大国日本の歩むべき道を提示する画期的論考
134

川崎 洋 編
こどもの詩
読売新聞の家庭欄に連載の「こどもの詩」から秀作を選んだアンソロジー。子供の目を通した新鮮でユニークな世界。挿絵・坂田靖子
135

工藤佳治・兪《ユ》 向紅《シャンホン》
中国茶図鑑（カラー新書）
一二五種の茶湯と実物大の茶葉、茶をいれた後の茶葉で銘茶の魅力が一目で分かる。現地での買い方などすぐに役立つ実用欲ばり図鑑
136